普通高等教育高职高专"十三五"系列教材

CODESYS 编程
应用与仿真

黄诚　邵忠良　主编

U0291679

中国水利水电出版社
www.waterpub.com.cn
·北京·

内 容 提 要

本教材由 PLCopen IEC 61131-3 职业技能认证中心依据"1+X"PLCopen IEC 61131-3 职业技能认证标准组织编写，属于普通高等教育高职高专"十三五"系列教材。教材从强化培养应用技能、掌握实用工程技术的角度出发，较好地体现了工业 4.0 阶段所需更新的知识与技术。对于提高从业人员基本素质，掌握 IEC 61131-3 国际标准编程的核心知识与技能有直接帮助和指导作用。

本教材可作为 PLCopen IEC 61131-3 职业技能中、高级培训与认证考核教材，也可作为高等学校智能制造相关专业的工业控制器（PLC、IPC）课程教材使用，以及 IEC 61131-3 国际工程师培训参考书使用。

图书在版编目（CIP）数据

CODESYS编程应用与仿真 / 黄诚，邵忠良主编. --
北京 ： 中国水利水电出版社，2020.9 (2023.11重印)
普通高等教育高职高专"十三五"系列教材
ISBN 978-7-5170-8840-0

Ⅰ. ①C… Ⅱ. ①黄… ②邵… Ⅲ. ①PLC技术－程序
设计－高等职业教育－教材 Ⅳ. ①TM571.61

中国版本图书馆CIP数据核字(2020)第171350号

书 名	普通高等教育高职高专"十三五"系列教材 **CODESYS 编程应用与仿真** CODESYS BIANCHENG YINGYONG YU FANGZHEN
作 者	黄诚 邵忠良 主编
出版发行	中国水利水电出版社 （北京市海淀区玉渊潭南路1号D座 100038） 网址：www.waterpub.com.cn E-mail：sales@mwr.gov.cn 电话：（010）68545888（营销中心）
经 售	北京科水图书销售有限公司 电话：（010）68545874、63202643 全国各地新华书店和相关出版物销售网点
排 版	中国水利水电出版社微机排版中心
印 刷	清淞永业（天津）印刷有限公司
规 格	184mm×260mm 16开本 17印张 414千字
版 次	2020年9月第1版 2023年11月第3次印刷
印 数	6001—9000册
定 价	**55.00**元

前言 QIANYAN

教材事关国家和民族的前途命运,教材建设必须坚持正确的政治方向和价值导向。本书坚持党的二十大精神、全面贯彻党的教育方针,落实立德树人根本任务,为党育人、为国育才、弘扬劳动光荣、技能宝贵、创造伟大的时代风尚。

CODESYS是德国3S软件有限公司(简称3S公司)的一款面向工业4.0应用的软件开发平台,该平台符合国际电工委员会(IEC)颁布的IEC 61131-3编程语言标准,向全球用户提供开放灵活、稳定可靠的一系列先进的工业信息技术、软件产品和行业解决方案,针对不同行业的用户及客户多样化的需求,CODESYS提供基于工业云的用于实现"智能制造"和"数字化工厂"的核心技术及整体解决方案。迄今为止,全球超过400家知名自动化企业和方案供应商与3S公司建立合作关系,如 ABB、施耐德电气、博世力士乐、和利时、汇川、固高等,随着中国智能制造的推进,工业互联网、边缘计算、大数据分析被广泛应用,CODESYS编程应用和仿真也被越来越多的企业工程师和高校师生所推崇。

本教材以任务方式呈现CODESYS编程应用和仿真实用技术,内容完整齐全,结构分明清晰,主要介绍了软件的界面及设置、软件结构、数据类型和变量声明、五种标准编程语言、相关指令、可视化视图应用、单轴运动控制、双轴主从运动控制、多轴协同插补控制及通信控制等。本教材所有的实作项目具有阶梯层次性,均可在 CODESYS 软件自带仿真器上模拟实施,操作方便、可验证程度高。阶梯性任务有助于循序渐进、全面综合地学习CODESYS软件的使用及IEC 61131-3通用编程自动化技术。

本书主编黄诚、邵忠良,副主编曹薇、黄标锋、陈东进、李奕龙,参编张梦,在本书编写过程中,得到了广东水利电力职业技术学院、广州华教智能科技有限公司等相关同事、工程师朋友的大力扶持,在此表示衷心感谢。

限于编者的学识水平,书中难免存在不足之处,恳请广大读者批评指正。

编者

2020 年 7 月

目录 *MULU*

第 1 章

CODESYS 软件

CODESYS 是一款与制造商无关的 IEC 61131-3 编程软件，由全球最著名的 PLC 内核软件研发厂家德国 3S 软件有限公司推出。CODESYS 支持完整版本的 IEC 61131 标准的编程环境，是一个标准的软件平台，被很多硬件厂家支持，可编程超过 150 家 OEM 生产的自动装置。CODESYS 提供了许多组合产品的扩充，诸如各种不同领域的总线配置程序、完全的目测化和运动控制系统。

CODESYS 是一种功能强大的 PLC 软件编程工具，它支持 IEC 61131-3 标准 IL、ST、FBD、LD、CFC、SFC 六种 PLC 编程语言，用户可以在同一工程中选择不同的语言编辑子程序、功能模块等。

CODESYS 是可编程逻辑控制 PLC 的完整开发环境，在 PLC 程序员编程时，CODESYS 为强大的 IEC 语言提供了一个简单的方法，系统的编辑器和调试器的功能是建立在高级编程语言（如 Visual C）基础上。

由于 CODESYS 功能强大，严格遵循国际标准，并且其具有不依赖于任何硬件平台的开放性，能够为众多 PLC、IPC 厂家省去软件研发时间，同时提高产品性能，而这些特点和手机的安卓系统颇有相似之处，3S 公司也因此被誉为是工控界的"安卓"。

ABB、Bachmann、IFM 易福门、EPEC 派芬、HOLLYSYS 和利时、Intercontrol 的 PROSYD1131、赫思曼公司 iFlex 系列、力士乐的 RC 系列、TT control 公司 TTC 系列控制器、施耐德的 SoMachine 等 PLC 厂家都使用 CODESYS 平台开发自己的编程软件。

对自动化厂商而言，CODESYS 能够在最短的时间内提升自身的软实力，并在其平台上进行二次开发，融入自己特色，如倍福的 TwinCAT、施耐德的 SoMachine、固高的 OtoStudio 等。

对应用工程师而言，标准化的平台使得其能从繁杂的产品适应学习中解放出来，能够使其有更多的精力集中在项目的本身而非产品，释放了应用工程师的创造活力。

1.1 CODESYS 软件安装

【任务名称】 CODESYS 软件安装。

【任务描述】 完成 CODESYS 编程软件的安装。

【任务实施】

1.1.1 下载软件

登录到 CODESYS 官网下载软件，如图 1.1.1 所示。

图 1.1.1　CODESYS 官网

1.1.2　安装软件

本教材使用的 CODESYS 软件版本是 CODESYS 3.5.14.20。找到下载的安装包，以管理员身份运行安装，如图 1.1.2 所示。

图 1.1.2　安装步骤 1

安装过程按照软件安装提示进行操作，如图 1.1.3 所示。

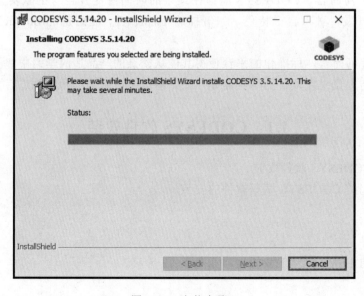

图 1.1.3　安装步骤 2

单击"Finish",安装完成,如图 1.1.4 所示。

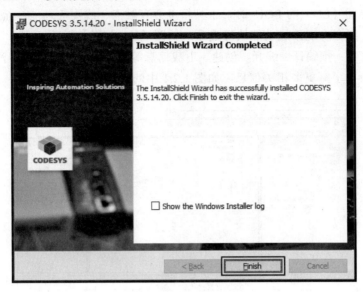

图 1.1.4 安装步骤 3

1.2 CODESYS 软件界面认知

【任务名称】 CODESYS 软件界面认知。

【任务描述】 对 CODESYS 软件界面进行认知,对软件有初步了解。

【任务实施】

CODESYS 的程序主要分为 PLC 编程和 HMI 视图组态,本书主要介绍 PLC 编程界面和 HMI 组态界面。

1.2.1 PLC 编程界面

PLC 编程界面由菜单栏、工具栏、设备窗口、编辑窗口、工具箱窗口、消息窗口等组成。

(1)菜单栏:是使用最为频繁的操作选项,所有的工程新建及保存;程序编译;登入及下载;调试时的设置断点及强制写入等功能都需要菜单栏里的功能来实现,如图 1.2.1 中的 1 所示。

(2)工具栏:包含所有自定义对话框中列出的所有当前可用的工具按钮,并显示默认值,如图 1.2.1 中的 2 所示。

(3)设备窗口:包含工程中相关的设备,并以树形结构进行管理;视图菜单默认打开,如图 1.2.1 中的 3 所示。

(4)编辑窗口:用于创建在各自编辑器中的特定对象,如语言编辑器(ST 编辑器、CFC 编辑器等)。其通常包含下半部分的语言编辑和上半部分的变量定义,在其他编辑器中也提供对话框形式(如任务编辑器、设备编辑器)。POU 对象或者资源对象的名称始终显示在窗口的标题栏。在"在线"模式或者"离线"模式下可以通过命令编辑对象打开编辑对象,如图 1.2.1 中的 4 所示。

（5）工具箱窗口：提供编辑工具，选择不同的对象时，工具箱里的内容会略微发生改变，如使用梯形图（LD）的 POU 时，工具箱里会有触点、线圈等功能，而当选用功能块图（FBD）时，则会出现添加功能块等选项，如图 1.2.1 中的 5 所示。

（6）消息窗口：预编译、编译、创建、下载信息等将显示在这个窗口（消息窗口）中，参阅消息视图命令了解更多相关信息，如图 1.2.1 中的 6 所示。

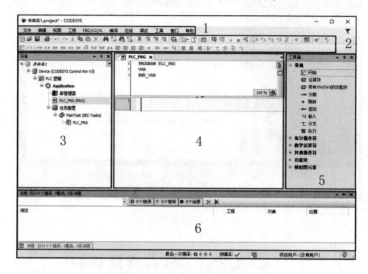

图 1.2.1　PLC 编程界面

1.2.2　HMI 组态界面

HMI 组态界面由视图布局窗口、视图工具箱以及属性窗口等组成。

（1）视图布局窗口：可在该窗口进行视图组件的布局，如图 1.2.2 中的 1 所示。

（2）视图工具箱以及属性窗口：用于放置视图的组件元素以供用户拖曳并进行属性设定，如图 1.2.2 中的 2 所示。

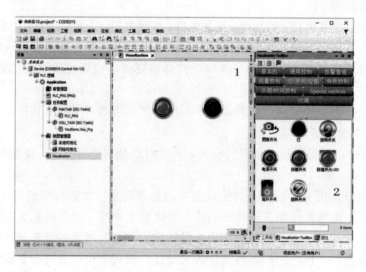

图 1.2.2　HMI 组态界面

1.3 CODESYS 软件常用设置

【**任务名称**】 CODESYS 软件常用设置。

【**任务描述**】 对 CODESYS 软件进行必要的设置，以便编程和调试。

【**任务实施**】

在使用 CODESYS 进行项目编程或者学习使用的过程中，往往需要对软件进行一些使用习惯或者特定功能的设置，从而使得用户更好地编程和调试，达到更高效的使用效率。

1.3.1 CODESYS 软件中文界面设置

首次打开 CODESYS 软件，显示语言默认是英文，可以根据个人使用习惯进行语言设置。本教材将其设置为中文界面，操作步骤如下，在菜单栏找到"Tools"→"Options…"，如图 1.3.1 所示。

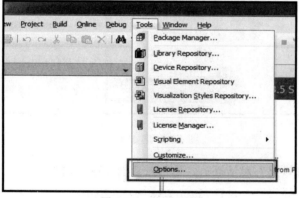

图 1.3.1　选项设置

在弹出的"Options"的对话框上，单击左侧的"International Settings"，进行中文设置，步骤如图 1.3.2 所示。

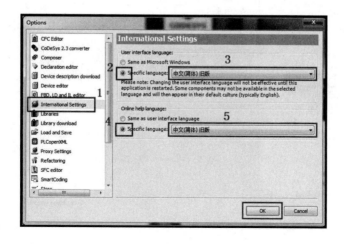

图 1.3.2　中文设置

设置完成后，必须重启 CODESYS 软件，设置才能生效。

1.3.2 CODESYS 中文变量设置

CODESYS 软件编程时程序和变量默认只能以英文命名，出现中文名称，在编译时会出错。如果想以中文命名，需要设置编译选项，才能支持中文名。操作步骤如下：在菜单栏上点击"工程"→"工程设置..."，如图 1.3.3 所示。

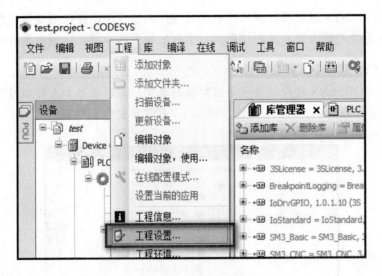

图 1.3.3　工程设置

在弹出的"工程设置"对话框上，单击左边的"编译选项"，勾选"允许标识符为非编码字符"，单击"确定"，设置完成，如图 1.3.4 所示。

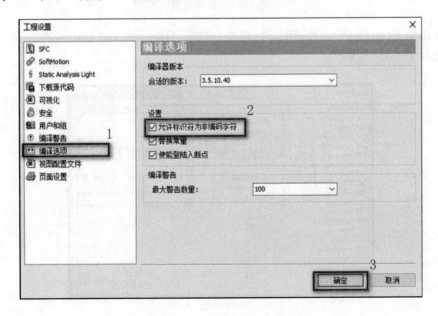

图 1.3.4　勾选"允许标识符为非编码字符"

1.3.3　视图的中文显示设置

CODESYS 软件的视图默认是英文，中文下载到工业控制器，会显示乱码。为了能让视图正确显示中文，需要通过视图的显示模式支持 UNICODE 编码。在设备树下双击"视图管理器"，打开视图管理器窗口，勾选"设置"→"一般设置"→"使用 Unicode 字符串"选项，如图 1.3.5 所示。

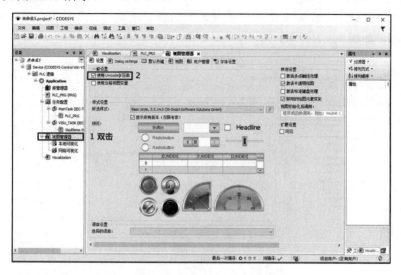

图 1.3.5　进行视图的中文显示设置

1.3.4　CODESYS 编码助手

CODESYS 编码助手有助于高效编程，用户可通过自主设定以满足自己的编程习惯。在菜单栏中找到"工具"→"选项"，在弹出的"选项"对话框左侧单击"编码助手"，即可进行设置，如图 1.3.6 所示，可根据使用习惯，勾选相应选项。

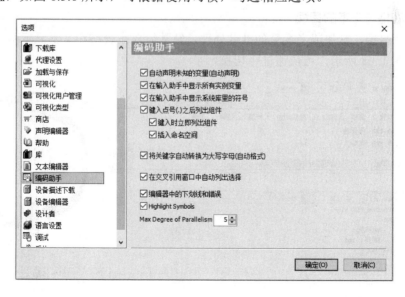

图 1.3.6　CODESYS 编码助手设置

1.3.5 降低视图的显示版本

用户在使用 CODESYS 进行程序调试时，经常会出现组态的视图无法在工业控制器上显示的情况，这是由于 CODESYS 软件版本和工业控制器的版本不一致，一般需要降低编程软件的视图样式版本。

在设备树下双击"视图管理器"，打开视图管理器窗口，勾选"设置"→"所选样式"→"显示所有版本（仅限专家）"选项，然后在"所选样式"中找到工业控制器所支持的软件版本，如图1.3.7所示。

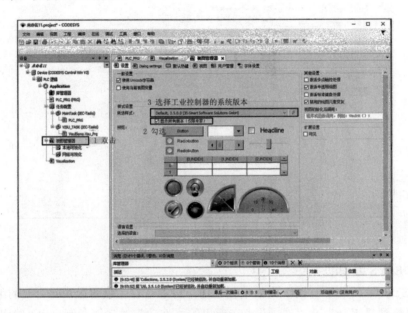

图 1.3.7 降低视图的显示版本

1.3.6 变量表格与文本的切换

为了方便显示、赋值或者变量的批量处理，经常需要在表格和文本显示两种模式中进行切换。如图1.3.8所示，可快速进行切换。

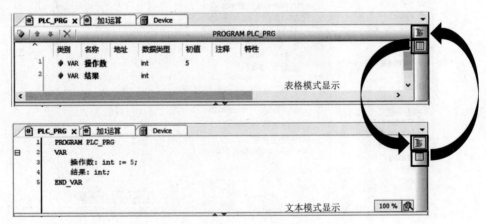

图 1.3.8 表格和文本显示的切换

1.4 CODESYS 启保停编程案例

【任务名称】 启保停电路的编程。

【任务描述】

（1）按下 HMI 上的"启动"按钮，"灯"点亮。

（2）按下 HMI 上的"停止"按钮，"灯"熄灭。

【任务实施】

1.4.1 任务实施流程

任务实施流程，如图 1.4.1 所示。

1.4.2 创建工程

（1）打开 CODESYS 软件。

（2）新建工程，选择标准工程模板。选择页面上
的"新建工程…"或者选择菜单栏中的"文件"→"新建工程…"，如图 1.4.2 所示。

创建工程
↓
编写PLC程序
↓
设计HMI程序
↓
编译下载程序
↓
验证程序

图 1.4.1 任务实施流程

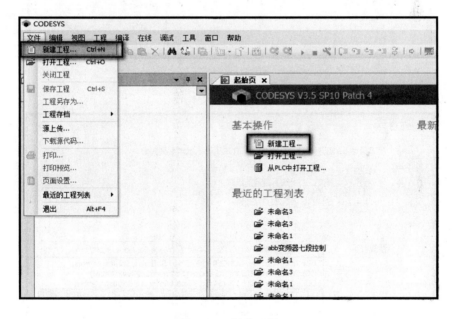

图 1.4.2 新建工程

新建工程要正确地选择工程模板，在"分类"窗口中单击选择"工程"，并在右侧的
"模板"窗口中选择"标准工程"，自定义工程"名称"和选定保存路径，设置完成后单
击"确定"，如图 1.4.3 所示。

在弹出来的"标准工程"对话框中，"设备"是指工业控制器（PLC）的型号，根据
实际情况选择对应的设备型号。本案例使用的是仿真机"CODESYS Control Win V3"进行
仿真，如图 1.4.4 所示。

图 1.4.3　选择工程模板

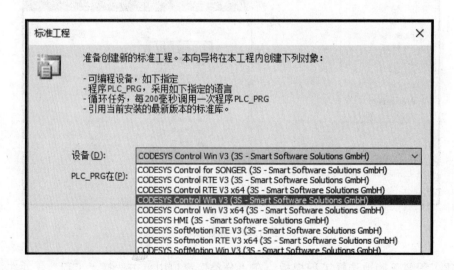

图 1.4.4　选择"CODESYS Control Win V3"

　　CODESYS 的编程方式主要有功能块图（FBD）、结构化文本（ST）、连续功能图（CFC）、顺序功能块（CFC）页面向导、顺序功能图（SFC）、梯形逻辑图（LD）、指令表（IL）。用户根据需求选择程序的编程语言。本案例选择"梯形逻辑图（LD）"，并单击"确定"，完成新建工程，如图 1.4.5 所示。

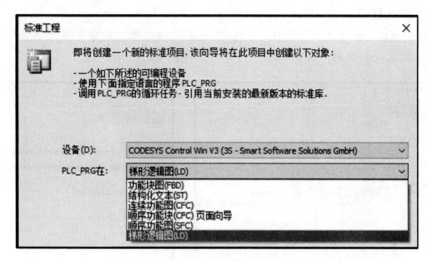

图 1.4.5 选择"梯形逻辑图（LD）"

1.4.3 编写 PLC 程序

双击"PLC_PRG（PRG）"，打开 PLC_PRG 程序界面，如图 1.4.6 所示。

接下来开始编写程序，首先添加变量，选择表格显示模式，输入中文变量"启动""停止""灯"，如图 1.4.7 所示。CODESYS 中文变量的设置参考 1.3.2 小节，变量声明具体操作可以参考 3.2 节。

在程序编辑区用梯形逻辑图编程语言编写启保停主程序，梯形逻辑图编写方法参考 4.2 节，如图 1.4.8 所示。

图 1.4.6 打开 PLC-PRG 程序界面

图 1.4.7 添加变量

![启保停主程序梯形图]

图 1.4.8 启保停主程序

1.4.4 设计 HMI 程序

首先添加视图，在设备树下单击 "Application"→"添加对象"→"视图..."，如图 1.4.9 所示。默认视图命名，然后单击"打开"，如图 1.4.10 所示。

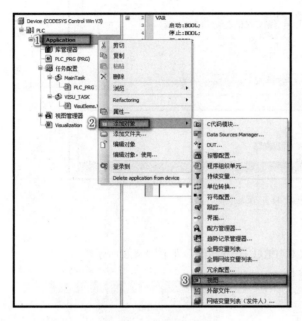

图 1.4.9 创建视图

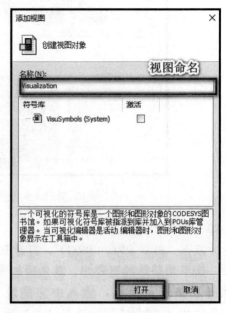

图 1.4.10 命名视图

对视图进行组态，添加指示灯在右边视图工具箱里的"灯/开关/位图"分组列表里找到"灯"控件，把"灯"控件拖曳到视图编辑区，如图 1.4.11 所示。在右侧视图工具箱里的"通用控制"分组列表里找到"按钮"控件，如图 1.4.12 所示。

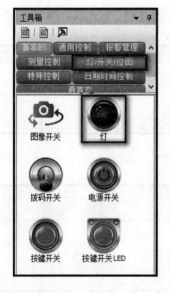

图 1.4.11 添加指示灯

图 1.4.12 添加"按钮"

"按钮"控件拖曳到视图编辑区后，在右侧的属性窗口中将其"文本"→"文本"属性设置为"启动"，如图 1.4.13 所示。按照添加启动按钮的方式添加停止按钮，将其"文本"→"文本"属性设置为"停止"，完成视图组态，如图 1.4.14 所示。

图 1.4.13　设置"按钮"文本属性

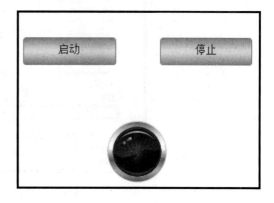

图 1.4.14　视图组态完成

控件添加完后，要对控件进行变量关联，才能使控件有效运行。先对指示灯进行变量关联，单击"灯"控件，右边的工具箱变为"灯"控件的属性设置区，如图 1.4.15 所示。

找到控件"灯"属性页面上"位置"→"变量"，并双击其侧边的设置处，可以看到右边出现输入助手图标"□"，如图 1.4.16 所示。

弹出输入助手对话框，如图 1.4.17 所示，选择所在程序里的变量，此处选择变量名为"灯"的变量。

图 1.4.15　控件的变量属性

图 1.4.16　双击空白处弹出输入助手图标

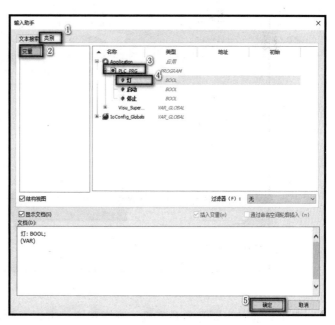

图 1.4.17　连接指示灯变量

对启动按钮进行变量关联，单击启动按钮，在属性窗口下找到"输入配置"→"切换"→"变量"，添加变量为 PLC_PRG 中的"启动"变量，如图 1.4.18 所示。停止按钮的变量关联操作与启动按钮变量操作一样，只是绑定的变量不一样。

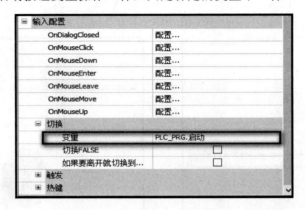

图 1.4.18　连接启动按钮变量

1.4.5　编译下载程序

程序编写好后需先编译，确认无误后才能下载到 PLC 中。在编译时，若程序有语法或其他问题，将在下方的消息窗口显示错误与报警数量，如图 1.4.19 所示。

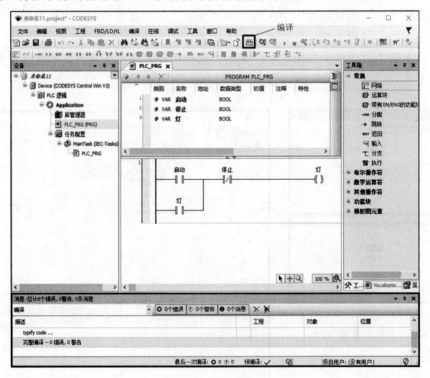

图 1.4.19　编译程序

在下载前首先要开启仿真机。开启仿真机有以下两种方法，可依据用户系统或习惯选择合适的方法。

（1）通过任务栏右下角控件启动仿真机，如图 1.4.20 所示。

（2）通过打开程序菜单中的仿真机，如图 1.4.21 所示。仿真器窗口弹出，如图 1.4.22 所示，该窗口不能关闭，否则会无法下载或者无法监控。

图 1.4.20　启动仿真机方法 1

图 1.4.21　启动仿真机方法 2

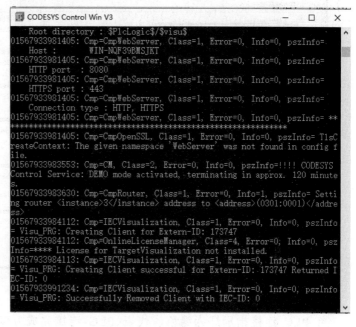

图 1.4.22　仿真机窗口不能关闭

仿真机开启后，要连接后才能进行下载。在 CODESYS 编程软件设备树下双击"Device（CODESYS Control Win V3）"，PLC 的通信设置窗口打开，单击"扫描网络…"，如图 1.4.23 所示。

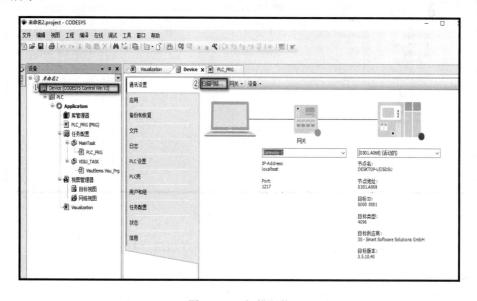

图 1.4.23　扫描网络

弹出"选择设备"对话框,单击扫描网络,即能搜索到 PLC,单击"确定",如图 1.4.24 所示。

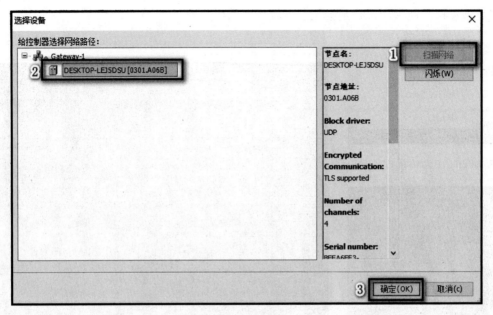

图 1.4.24 选择 PLC

当 PLC 连接指示灯为绿色,代表 PLC 连接完成方可进行程序下载,如图 1.4.25 所示。

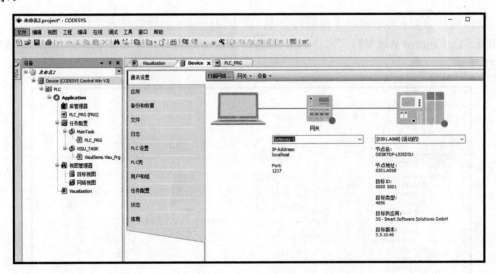

图 1.4.25 连接 PLC

PLC 连接完成后,可通过如图 1.4.26 所示的两种方法进行程序下载。

1.4.6 验证程序

程序下载后会处于监控(登录)界面,单击如图 1.4.27 所示按钮运行程序。

图 1.4.26　下载程序

图 1.4.27　运行程序

验证程序的方法有两种，一种是通过按下 HMI 视图中的按钮，另一种是通过强制 PLC 程序中按钮。

（1）通过按下 HMI 视图中的按钮验证程序。在视图的监控画面下，按下启动按钮，指示灯亮，按下停止按钮，指示灯灭，如图 1.4.28 所示。

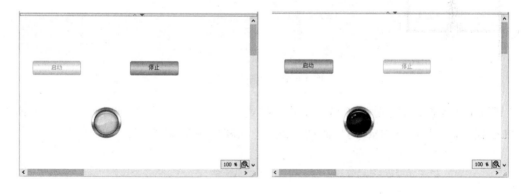

图 1.4.28　验证程序

（2）通过强制 PLC 程序中按钮验证程序。在程序中双击"启动"触头，在触头旁边出现"<TRUE>"时，如图 1.4.29 所示。

当出现"< TRUE >"时，选择该触头，同时按下组合键"Ctrl+F7"，则"灯"的线圈中间出现蓝色实心框，表示线圈得电，如图 1.4.30 所示。

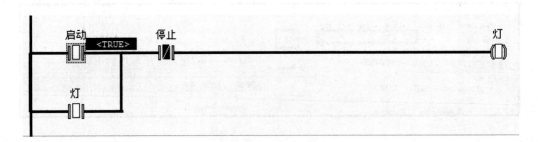

图 1.4.29　双击"启动"触头

图 1.4.30　按下组合键"Ctrl+F7", "灯"输出

相同方式操作"停止"触头,则"灯"的线圈失电,触点中间的蓝色框变成灰色空心框,如图 1.4.31 所示。

图 1.4.31　关闭"灯"

通过上述操作可知,用强制 PLC 触点的方式进行仿真运行是比较麻烦的,但对于简单的 PLC 程序,不用组态 HMI 的界面进行仿真,能减少编程调试时间。

第 2 章

CODESYS 结 构

2.1 软 件 模 型

【任务名称】 CODESYS 的软件模型。

【任务描述】 CODESYS 的软件模型的元素组成，每个元素之间的关系。

【任务实施】

CODESYS 的软件模型描述了基本的软件元素及其相互关系。软件元素包含设备、应用、任务、全局变量和直接地址变量、访问路径和程序，它们是现代 PLC 的软件基础，其内部结构如图 2.1.1 所示，该软件模型与 IEC 61131-3 标准的软件模型保持一致。

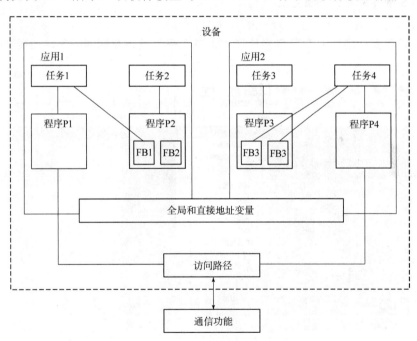

图 2.1.1 CODESYS 的软件内部结构

设备：设备位于模型最顶层，可以认为它是一个 PLC。它包括硬件装置、处理资源、I/O 地址映射和系统内存存储的能力。

应用：在每一个设备中，有一个或多个应用，通过应用对象，设备可以实现各种具体的功能。

访问路径：提供在不同应用之间交换数据和信息的方法，每一个应用内的变量可通过其他远程配置来存取。

通信功能：用于实现程序传输、数据文件传输、监视、诊断等。

2.2　设　　备

设备位于 CODESYS 软件模型的最上层，设备代表了一个具体的硬件对象。该硬件对象可以是控制器、现场总线站点、总线耦合器、驱动器、输入/输出模块或是触摸屏等。每一个设备由一个"设备描述"文件定义，该设备描述文件安装在 CODESYS 本机系统中，以供插入到设备树下（这里用"设备树"表示设备窗口中的树状列表）。该设备描述文件确定了设备的相关配置、可编程性和其他设备的互联性。设备是结构元素，它位于软件模型的最上层，在软件内部是大型的语言元素。

2.2.1　安装设备描述文件

【任务名称】　安装设备描述文件。

【任务描述】　安装广州华教智能科技有限公司的 WEGO 系列工业控制器的设备描述文件，使 CODESYS 软件能对控制器进行连接。

【任务实施】

首先打开设备存储库，在菜单栏选择"工具"→"设备存储库..."，如图 2.2.1 所示。

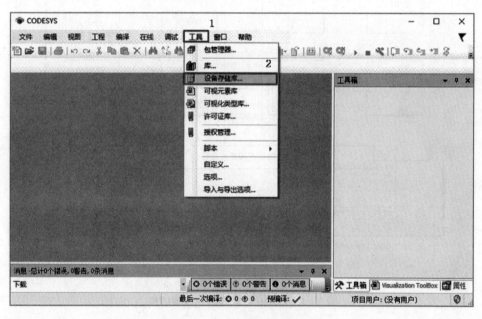

图 2.2.1　打开"设备存储库..."

在弹出的"设备存储库..."对话框中，单击"安装"，然后选择需要导入的设备库文件。这里选择的是"WEGO-ARM Cortex-Linux-SM CNC-TV-WV.xml"，最后单击"打开"即可完成设备描述文件的安装，如图 2.2.2 所示。

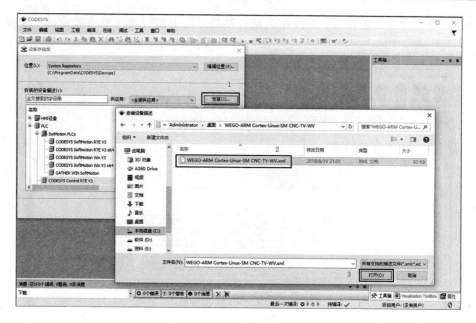

图 2.2.2 导入设备描述文件

成功导入设备描述文件后，会在设备存储上显示，如图 2.2.3 所示。

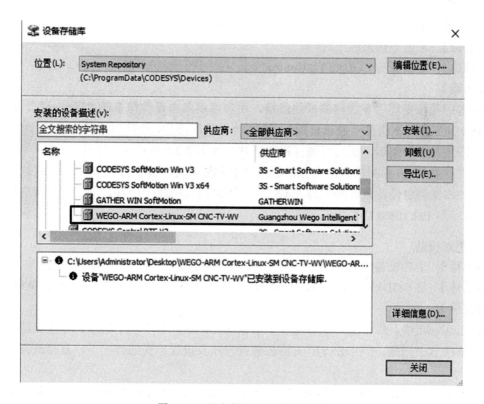

图 2.2.3 设备描述文件导入成功

设备描述文件导入成功后，用户在创建程序的过程中即可选择对应的设备，如图 2.2.4 所示。

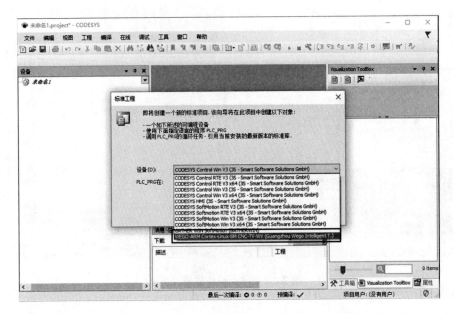

图 2.2.4　可创建导入了设备描述文件后的工程设备

2.2.2　设备连接

【任务名称】　设备连接的应用。

【任务描述】　连接设备 CODESYS Control Win V3，进行程序下载。

【任务实施】

设备的连接是程序下载和调试的前提，用户可以双击设备树下的"Device"，在打开的"Device"窗口下选择"通讯设置"，单击"扫描网络"，选择扫描到的主机，单击"确定"，即连接上控制器，而后可进行程序下载，如图 2.2.5 所示。

需要注意的是：由扫描到的设备最后两位十六进制数可推算出可选控制器 IP 地址的低字节。如本案例中设备最后两位为"AA"，对应的十进制数为 170，所以可知所选控制器的 IP 地址为 192.168.0.170。

2.2.3　更新设备

【任务名称】　更新设备应用。

【任务描述】　将 CODESYS SoftMotion Win V3 的设备更新为 CODESYS Control Win V3。

【任务实施】

在工程应用中，经常会不小心选择了错误的控制器，并编制了程序，导致无法下载程序，为解决这个问题，CODESYS 支持在保持程序及设置不变的情况下，直接进行设备的更新。

用户可以右击设备树的"Device（CODESYS SoftMotion Win V3）"→"更新设备..."，如图 2.2.6 所示。

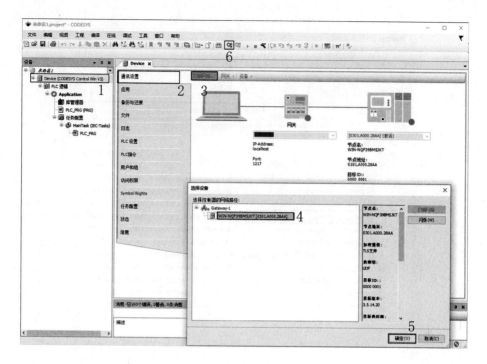

图 2.2.5 设备连接的应用

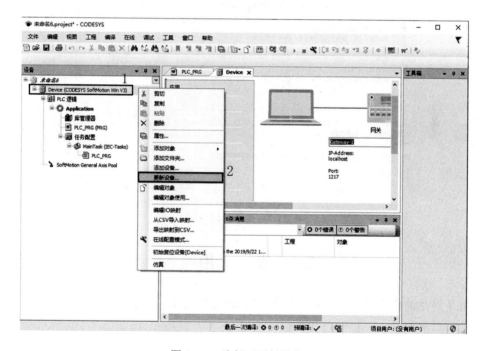

图 2.2.6 选择"更新设备"

在弹出来的"更新设备"对话框，单击"<全部供应商>"，然后选择自己所要更新的设备型号，这里选择的是"CODESYS SoftMotion Win V3"，如图 2.2.7 所示。

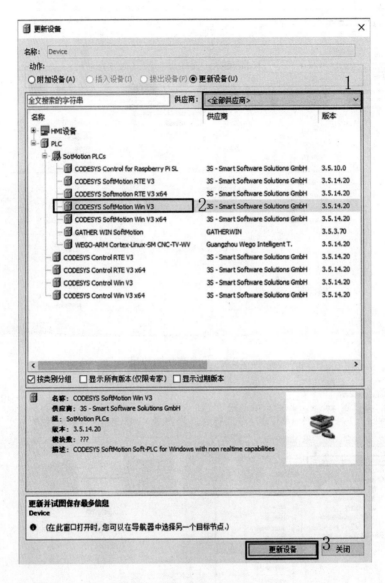

图 2.2.7　选择目标设备

2.3　应　　用

　　应用是指在硬件设备上运行程序时所需要的对象集合。应用的对象包括任务、库文件、全局变量与局部变量、采样追踪和单位转换等。

2.3.1　任务

【任务名称】　多任务的调用设置。

【任务描述】　某个项目程序比较复杂，由 5 个 PLC 子程序组成，分别是 PLC_PRG、POU_1、POU_2、POU_3、POU_4，试用通过任务调用的方式进行程序架构规划。

【任务实施】

1. 任务的介绍

在一个任务配置中可以建立多个任务，而一个任务中可以调用多个程序组织单元，一旦任务被设置，它就可以控制程序周期执行或者通过特定的事件触发开始执行。在任务配置中，用名称、优先级和任务的启动类型来定义，如图 2.3.1 所示。

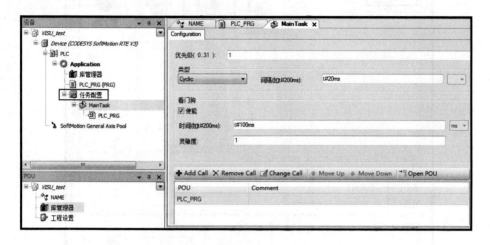

图 2.3.1　任务配置

2. 任务调用的流程

任务调用的流程，如图 2.3.2 所示。

3. 创建工程

（1）打开 CODESYS 软件。

（2）新建工程，选择标准工程模板。新建 CODESYS 工程可以选择页面上的"新建工程"或者选择菜单栏中的"文件"→"新建工程…"，如图 2.3.3 所示。

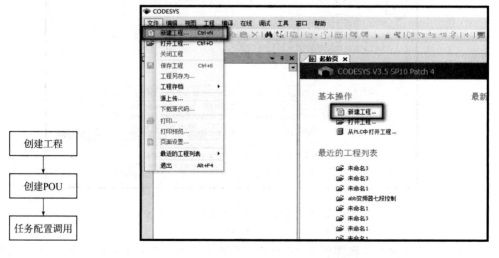

图 2.3.2　任务调用的流程　　　　　　　　图 2.3.3　新建工程

在弹出的"新建工程"对话框上选择工程模板。单击选择"工程",选择"标准工程",自定义工程"名称"和选定保存路径,设置完成后单击"确定",如图 2.3.4 所示。

图 2.3.4 选择标准工程

在"标准工程"对话框上选择设备,根据实际情况选择对应的设备型号。本案例使用的是"CODESYS Control Win V3"进行仿真,如图 2.3.5 所示。

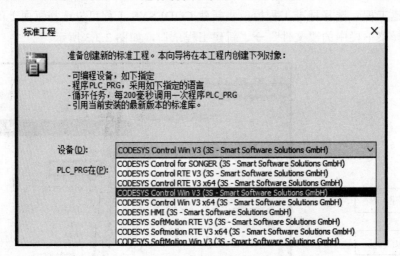

图 2.3.5 选择"CODESYS Control Win V3"

编程语言选择"梯形逻辑图(LD)",并单击"确定",如图 2.3.6 所示,完成新建项目。

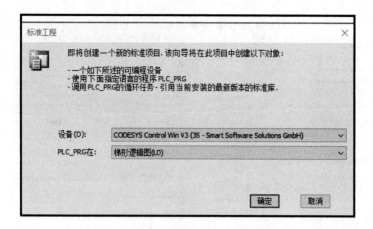

图 2.3.6 选择"梯形逻辑图（LD）"

4. 创建 POU

在设备树下右击"Application"→"添加对象"→"POU…"，如图 2.3.7 所示。

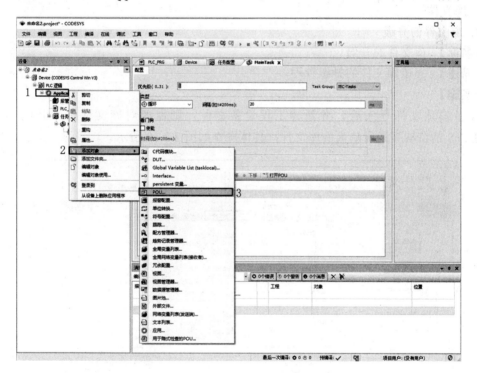

图 2.3.7 创建 POU

在"添加 POU"的对话框中命名新建的 POU 为 POU_1，如图 2.3.8 所示。按照这种方式同时创建 POU_2、POU_3、POU_4。

5. 任务配置调用

将创建的 POU 拖曳复制到"任务配置-MainTask（IEC-Tasks）"中，如图 2.3.9 所示，并按照图中所示设置相关参数。

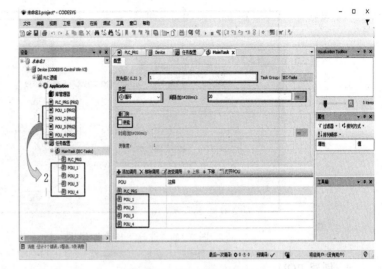

图 2.3.8　命名 POU_1　　　　　　　　图 2.3.9　任务配置调用

2.3.2　库文件

1. 库文件的升级

【任务名称】　库文件的升级。

【任务描述】　完成库文件的升级管理。

【任务实施】

设备描述文件导入后，并新建工程设备文件，则需要对库文件进行升级，一般 CODESYS 能自动搜索所缺失的库文件，具体操作如图 2.3.10 所示。

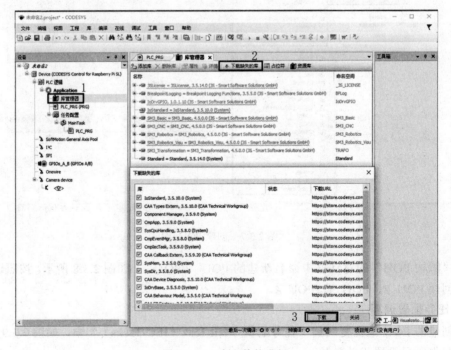

图 2.3.10　库文件的升级

2. 库指令的说明查询

当用户需要对一个指令进行深入了解时，可以通过单击功能块，如图 2.3.11 所示的方式对应转到指令的定义处。

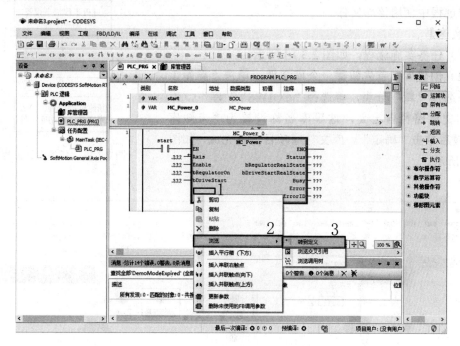

图 2.3.11 转到定义

在指令的定义处，可以查看指令的存放位置，以及管脚的定义，如图 2.3.12 中 1 和 3 所示。

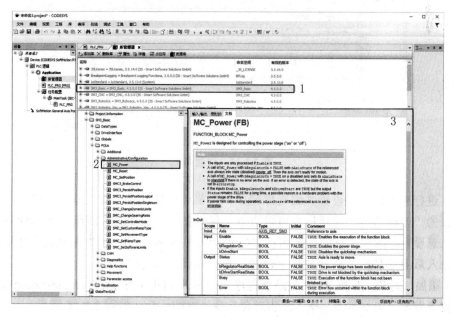

图 2.3.12 指令信息

3. 创建库文件并添加使用

【**任务名称**】 创建库文件并添加使用。

【**任务描述**】 创建一个库文件，并导入库文件，最后在编程的过程中使用该库文件。

【**任务实施**】

（1）任务实施流程，如图 2.3.13 所示。

（2）创建库。首先新建一个库文件，单击"新建工程"，选择"库"分类，再选择"CODESYS 库"，库名称和文件路径自定义，这里库名称设置为"未知库6"，最后单击"确定"，库文件库项目创建完成，如图2.3.14 所示。

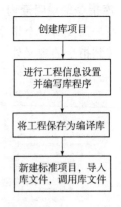

图 2.3.13 任务实施流程

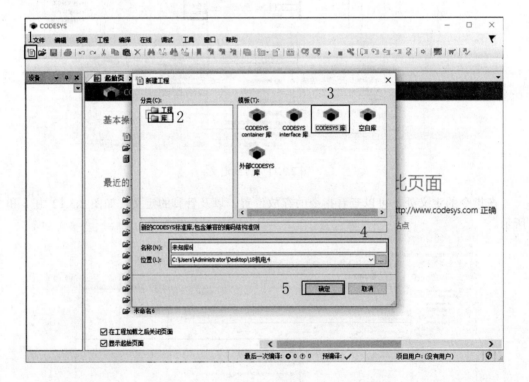

图 2.3.14 创建库

（3）进行库工程信息设置并编写库程序。在菜单栏找到"工程"→"工程信息…"，在弹出来的"工程信息"对话框中可以查看工程信息，如图 2.3.15 所示，本示例采用默认的工程信息设置，图中 3 里的标题名称"CODEYS Common Library Template"将作为后面库文件导入后的库名称，缺省名称"TMP"为后续库调用的名称。

（4）添加库对象。在库 TMP 里添加程序组织单元 POU（Program Organization Units），在设备树下右击"未知库 6"→"添加对象"→"POU…"，如图 2.3.16 所示。

图 2.3.15　进行工程信息设置

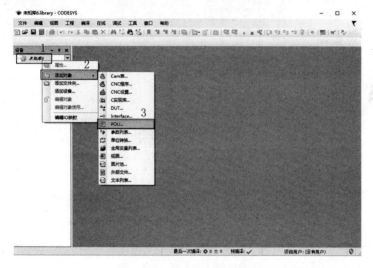

图 2.3.16　添加程序组织单元

在弹出来的"添加 POU"对话框上，为功能块设置名称，并选择类型（T）为"功能块（B）"，最后单击"打开"来添加 POU，如图 2.3.17所示。

在打开的功能块中编写以下示例程序，此程序在调用时的名称为"TMP.POU"，如图 2.3.18 所示。

4. 生成库文件

在菜单栏找到"文件"→"将工程保存为编译库…"，在弹出的"保存为编译库"对话框中选择库的保存路径，单击保存后在指定路径下生成名称为"未知库 6.compiled_library"的库文件（此处，也可重新命名新文件），如图 2.3.19 所示。

5. 调用库文件

（1）新建标准工程。单击"新建工程…"，如图 2.3.20所示。

图 2.3.17　为功能块设置名称

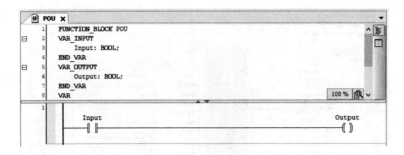

图 2.3.18 编写 POU 功能块程序

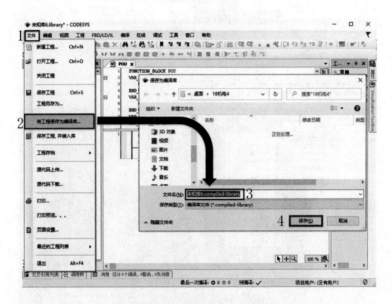

图 2.3.19 将工程保存为编译库

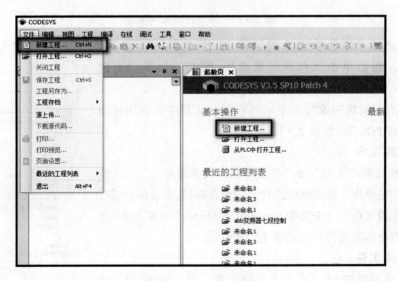

图 2.3.20 新建工程

（2）选择工程模板，如图 2.3.21 所示。

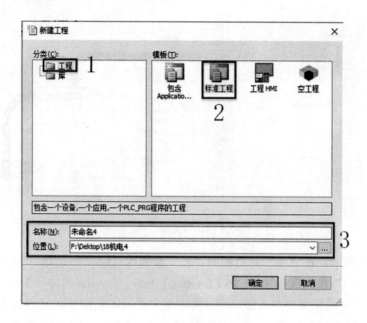

图 2.3.21　选择"标准工程"

（3）导入库文件。在菜单栏选择"工具"→"库..."，如图 2.3.22 所示。

图 2.3.22　打开"库..."

在弹出的"库"对话框单击"安装（I）..."，选择刚才建好的库文件并打开，如图 2.3.23 所示。

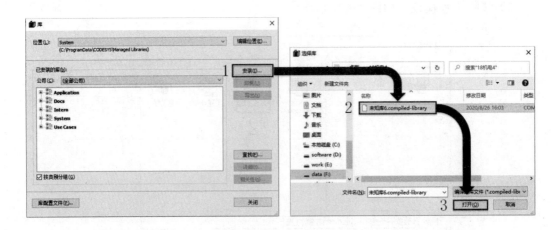

图 2.3.23　导入库文件

　　如图 2.3.24 所示，在"库"对话框的"已安装的库（b）:"选择 "全部公司"打开"杂项"左边的"+"看到→"CODEYS Common Library Template"→"3.5.14.20"可查看到库文件版本，可证明库文件导入成功了。其中库文件版本当前版本显示为"3.5.14.20"，为新建库工程的 CODEYS 版本；"CODSYS Common Library Template"为新建库工程的标题名称，现在作为库名称，如图 2.3.24 所示。

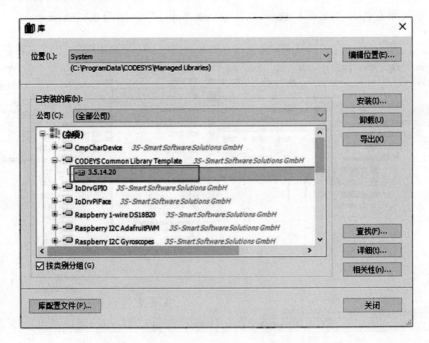

图 2.3.24　库文件导入成功

　　安装之后，要把库添加到库管理中。如图 2.3.25 所示，在设备树下选择"Application"→"库管理器"，在打开的"库管理器"窗口，单击"添加库"，点开"杂项"左边的"+"，看到标题名为"CODEYS Common Library Template"的库，单击"确定"。

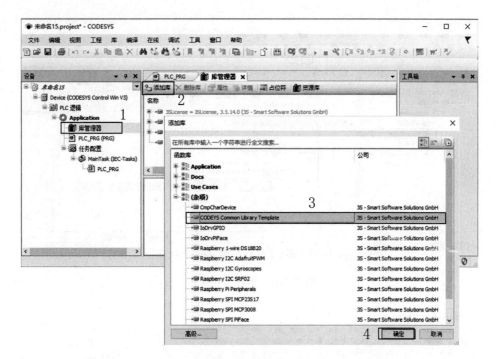

图 2.3.25　添加库文件

用户单击图 2.3.26 中的"Placeholder Template"可查看库的管脚定义。

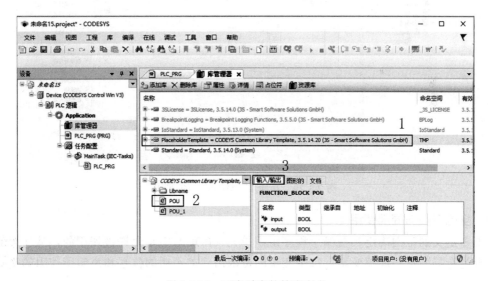

图 2.3.26　可查看库的管脚定义

（4）调用库文件。调用库文件就是调用库功能块 TMP.POU。打开 PLC_PRG 程序界面，先定义一个变量 POU_O 为 TMP.POU 型，将图 2.3.27 中 2 的功能块拖到程序编辑区，输入程序指令名"POU"，即可生成功能实例，如图 2.3.27 所示。

调用库功能块 TMP.POU 编写的程序，如图 2.3.28 所示。

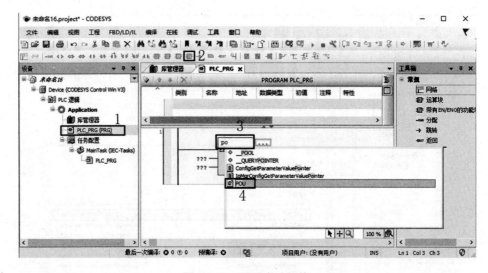

图 2.3.27 调用库功能块

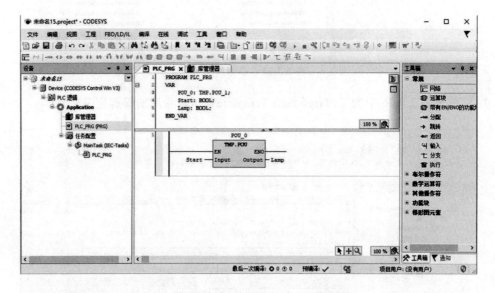

图 2.3.28 功能块 TMP.POU 的调用

2.3.3 全局变量与局部变量

变量定义的范围确定其在哪个程序组织单元（POU）中是允许被调用的，从使用范围上可分为全局变量与局部变量。每个变量的范围由它被声明的位置和声明所使用的变量关键字所定义。

1. 全局变量

在程序组织单元（POU）之外定义的变量都为外部变量，这些变量为全局变量。全局变量可以为本文件中其他程序组织单元所共用。全部程序可共享同一数据，它甚至能与其他网络进行数据交换。

【**任务名称**】 全局变量的应用。

【任务描述】 创建全局变量，变量可为多个程序所调用。

【任务实施】

在设备树下右击"Application"→"添加对象"→"全局变量列表…"，在弹出来的"添加全局变量列表"对话框上填写全局变量列表的名称，这里使用的是默认的名称 GVL，添加全局变量列表的操作，如图 2.3.29 所示。

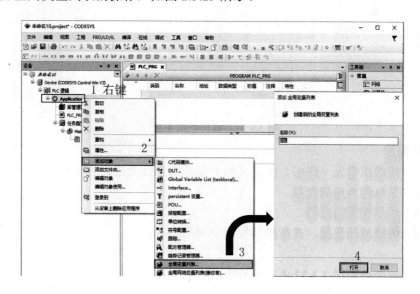

图 2.3.29　添加全局变量列表

在新建好的全局变量列表上添加一些变量，跟局部变量添加的操作一样，如图 2.3.30 所示为添加好变量的局部变量列表。

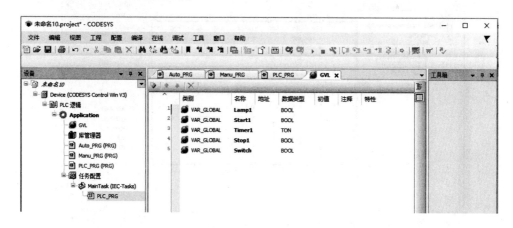

图 2.3.30　全局变量列表

在图 2.3.31 中，程序 Auto_PRG、程序 Manu_PRG 和程序 PLC_PRG 可共用全局变量列表里的全局变量。这些变量在各程序中调用总是以全局变量列表名"GVL."的方式显示调用。

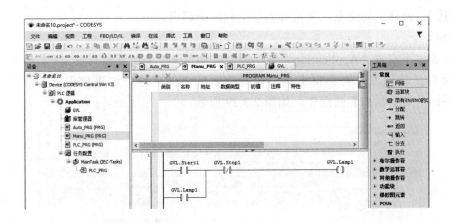

图 2.3.31　调用全局变量

2. 局部变量

在一个程序组织单元（POU）内定义的变量都为内部变量，它只在该程序组织单元内有效，这些变量也称为局部变量。

【任务名称】 局部变量的应用。

【任务描述】 创建局部变量，并在局部程序中应用。

【任务实施】

创建的局部变量如图 2.3.32 中 2 所示，其在局部程序启保停电路程序中得到应用，如图 2.3.32 中 3 所示。

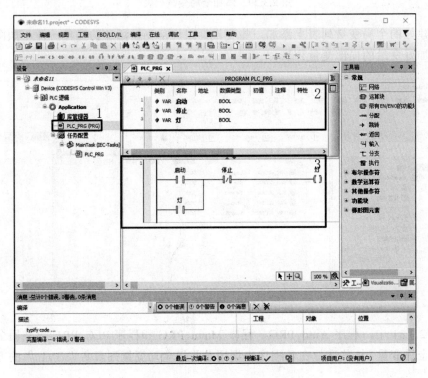

图 2.3.32　创建的局部变量

2.3.4 采样跟踪

【**任务名称**】 采样跟踪的应用。

【**任务描述**】 对定时器的计时值进行采样追踪。

【**任务实施**】

在程序的调试和诊断过程中，采样追踪是个非常实用和有效的工具，有时数据变化是一闪而过的，不容易看出产生的影响，此功能可以于把一个程序的执行过程全程记录下来看到系统运行的整个过程。

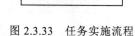

图 2.3.33 任务实施流程

1. 操作流程

任务实施流程，如图 2.3.33 所示。

2. 编写 PLC 程序

在程序 PLC_PRG 中添加一个计时器功能块，命名为 TON_0，计数时间设为 t#1s，如图 2.3.34 所示。

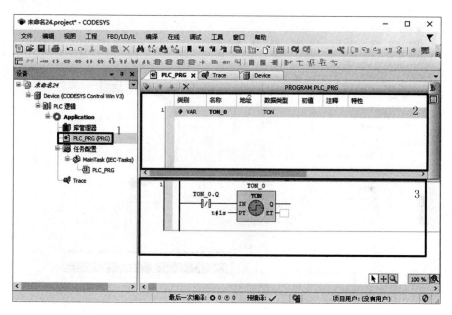

图 2.3.34 编写 PLC 程序

3. 创建 Trace

在设备树下右击"Application"→"添加对象"→"跟踪…"，如图 2.3.35 所示。

在弹出的"添加跟踪"对话框中设置跟踪的名称为"Trace"，然后单击"打开"，完成跟踪的添加，如图 2.3.36 所示。

4. Trace 配置、添加变量

在设备树下，双击新建的"Trace"跟踪，打开"Trace"窗口，在"Trace"窗口单击"配置"，弹出"跟踪配置"对话框，如图 2.3.37 所示。在"跟踪配置"对话框上设置"Trace"跟踪的任务（T:）为"MainTask"。

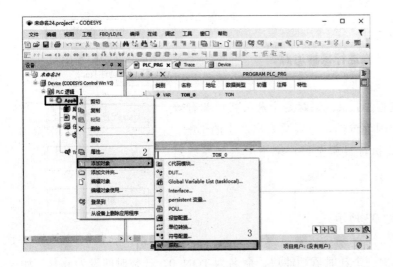

图 2.3.35 创建 Trace

图 2.3.36 命名并打开 Trace

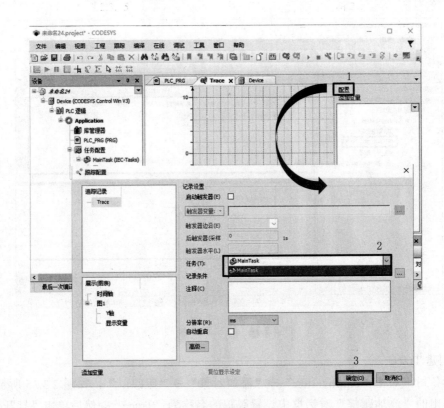

图 2.3.37 Trace 配置

参照 Trace 配置，给"Trace"跟踪添加变量，在"Trace"窗口单击"添加变量"，在弹出的"跟踪配置"对话框中单击输入助手图标"…"。在弹出的"输入助手"对话框选择定时器 TON_0 的 ET 脚，单击"确定"，完成"Trace"跟踪的添加变量，如图 2.3.38 所示。

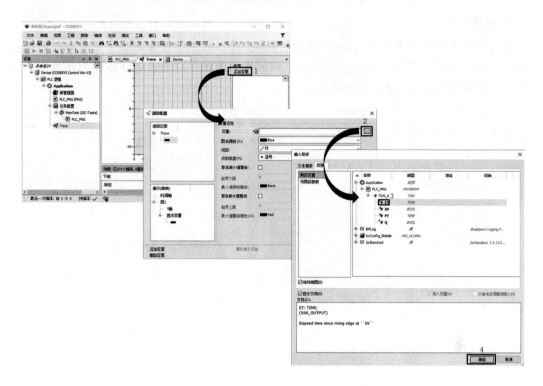

图 2.3.38　Trace 添加变量

5. 下载跟踪

在线状态下，右击"Trace"界面，选择"下载跟踪"，如图 2.3.39 所示。

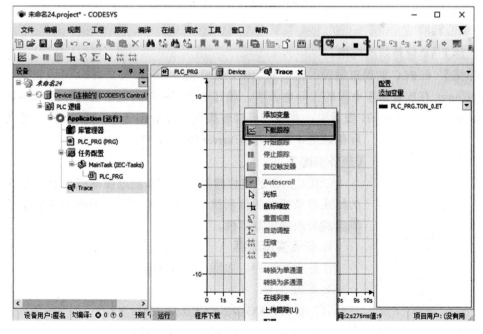

图 2.3.39　Trace 下载跟踪

6. 跟踪采样

跟踪采样的显示效果如图 2.3.40 所示，Trace 可以对多个任务的多个变量进行追踪，变量在追踪过程中可以设定不一样的颜色，对采集的数据可以进行保存以作数据分析，同时也可以对以往保存的 Trace 进行加载。

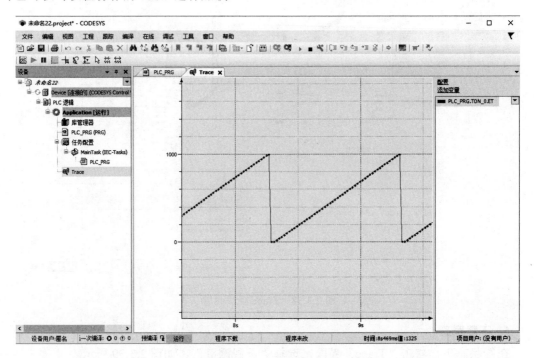

图 2.3.40　Trace 跟踪采样

2.3.5　单位转换

【任务名称】　单位转换的应用。

【任务描述】　在 PLC 的模拟量输入输出使用中，需要将 4-20mA 与 0-1024 对应起来，假设 rCurrentInput 存放着模拟电流的实际电流值，通过单位转换将该电流值进行规则转换并存放在 rCurrentInputConvert 变量中；并通过单位转换将 rCurrentInputConvert 进行逆转成实际电流值，存放在 rCurrentReverse 中。

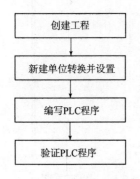

图 2.3.41　任务实施流程

【任务实施】

CODESYS 的单位转换功能可以通过简单的转换规则对数据的转换带来极大的便利性，而不需要用户自行编写转换公式，为数据的处理提供高效性。

1. 任务实施流程

任务实施流程，如图 2.3.41 所示。

2. 创建工程

（1）设备：CODESYS Control Win V3。

（2）编程语言：结构化文本（ST）。

3. 新建单位转换并设置

（1）新建单位转换。工程创建完成后，在设备树下右击"Application"→"添加对象"→"单位转换…"。在弹出的对话框中将名称修改为"CurrentConvert"，然后单击"打开"，如图 2.3.42 所示。

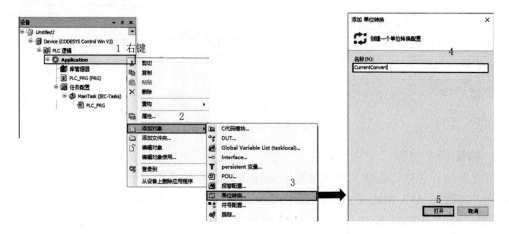

图 2.3.42　新建单位转换

（2）设置单位转换。新建单位转换后，在设备树下自动生成名为 CurrentConvert 的单位转换，双击打开，在名称列输入 CurrentConvert，在类型列选中"线性缩放 2（基础+目标范围）"，选中设置列，在下方的设置内容中进行参数设置，如图 2.3.43 所示。

图 2.3.43　设置单位转换

4. 编写 PLC 程序

双击设备树的 PLC_PRG 程序，如图 2.3.44 所示进行变量定义和程序编写。程序中 CurrentConvert.Convert 用于将数据进行规则正向转换，而 CurrentConvert.Reverse 则用于将数据进行逆向转换。

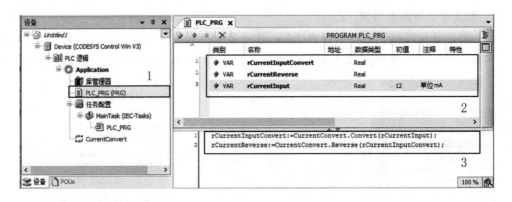

图 2.3.44　编写 PLC 程序

5. 验证 PLC 程序

下载并运行程序，通过观察可发现 rCurrentInput 存放着电流值 12mA，通过单位正向转换后，将数据 512 存放在 rCurrentInputConvert 中；通过指令单位反向转换后，将数据 12 存放在 rCurrentReverse 中，如图 2.3.45 所示。

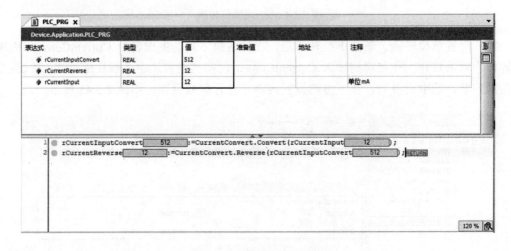

图 2.3.45　验证 PLC 程序

2.4　程 序 组 织 单 元

程序组织单元（Program Organization Unit，POU）由声明区和代码区两部分组成，按功能划分程序组织单元可分为程序、函数和功能块。用户可以通过任务配置来调用程序组织单元的标准部分（如函数、功能块、程序和数据类型等）；也可自行设计程序组织单元，再对其进行调用和执行。

2.4.1　程序

【**任务名称**】　程序的调用。

【任务描述】 在主程序 PLC_PRG 中将转换开关 Switch 置于 1 档位，则调用自动程序 Auto_PRG；将转换开关 Switch 置于 0 档位，则调用手动程序 Manu_PRG。①Auto_PRG 功能：按下按钮 Start，灯 Lamp 点亮，5s 后，灯 Lamp 熄灭；②Manu_PRG 功能：按下按钮 Start，灯 Lamp 点亮；按下 Stop，灯 Lamp 熄灭。

【任务实施】

程序是规划任务的主核心，程序拥有最大的调用权，可以调用功能块及函数。一般而言分为主程序、子程序，广义上包含硬件配置、任务配置、通信配置及目标设置信息。

1. 任务实施流程

任务实施流程，如图 2.4.1 所示。

2. 创建工程

（1）设备：CODESYS Control Win V3。

（2）编程语言：梯形逻辑图（LD）。

3. 创建全局变量

按照任务描述的要求可以创建一个全局变量列表

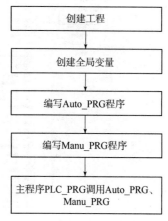

图 2.4.1 任务实施流程

GVL，并在全局变量列表里面添加如图 2.4.2 所示变量。全局变量列表的创建可以参考 2.3.3 节内容。

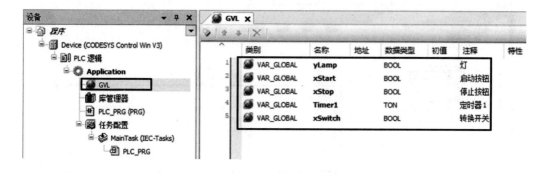

图 2.4.2 添加全局变量

4. 编写 Auto_PRG 程序

首先，添加 Auto PRG 程序，在设备树下右击"Application"→"添加对象"→"POU..."，如图 2.4.3 所示。

在弹出的"添加 POU"对话框中设置 POU 的名称为"Auto_PRG"，类型选择为"程序（P）"，实现语言选择为"梯形逻辑图（LD）"，如图 2.4.4 所示。

创建好 Auto_PRG 程序后，可以在设备树下双击"Auto_PRG（PRG）"将其打开，并在程序编辑区按照任务描述编写 PLC 程序，编写 Auto_PRG 程序如图 2.4.5 所示。

5. 编写 Manu_PRG 程序

参照 Auto_PRG 程序的添加来编写 Manu_PRG 程序，如图 2.4.6 所示。

图 2.4.3　添加程序组织单元　　　　　　　图 2.4.4　对程序进行命名

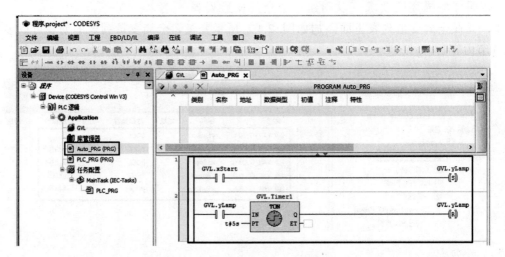

图 2.4.5　编写 Auto_PRG 程序

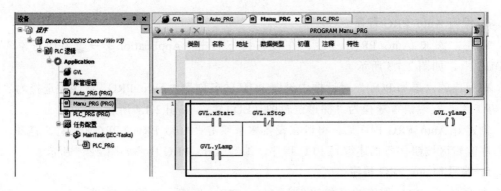

图 2.4.6　编写 Manu_PRG 程序

6. 主程序 PLC_PRG 调用 Auto_PRG、Manu_PRG

打开 PLC_PRG 程序界面，先在程序编辑区插入一个常开触点，然后再插入带有 EN/ENO 的功能块。这个功能块是用来调用 Auto_PRG 程序的，在功能块上单击 "？？？"，再单击出现的输入助手图标"▢"，如图 2.4.7 所示。

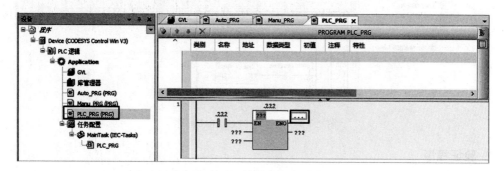

图 2.4.7　打开输入助手

在弹出的"输入助手"对话框上，单击"模块调用"，选择"Application"（应用）下的"Auto_PRG"程序，然后单击"确定"，就完成了 PLC_PRG 程序对 Auto_PRG 程序的调用。同理，调用 Manu_PRG 程序，如图 2.4.8 所示。

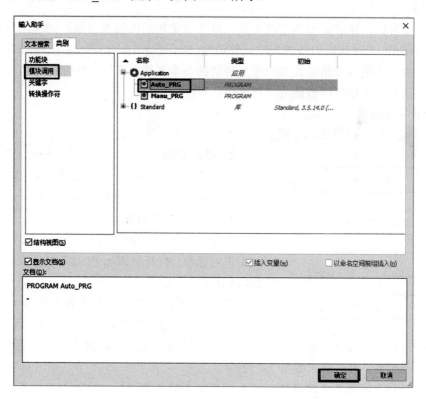

图 2.4.8　调用 Auto_PRG 和 Manu_PRG 程序

完整的 PLC_PRG 程序如图 2.4.9 所示。

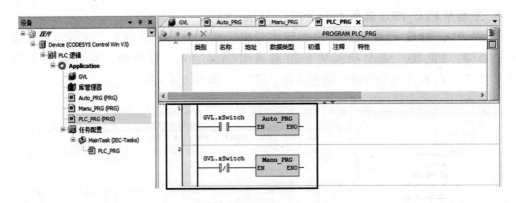

图 2.4.9　完整的 PLC_PRG 程序

7. 验证程序

读者可以参考 1.4 节中"5.验证程序"的内容，对程序进行验证。

2.4.2　函数

【任务名称】　函数的调用。

【任务描述】　设计一个自加 1 函数，并在主程序中调用。

【任务实施】

函数是没有内部状态的基本算法单元，只要给定相同的输入参数，调用函数必定得到相同的运算结果。平时使用的各种数学运算函数[如 sin(x)、sqrt(x)等]就是典型的函数类型。函数是有至少一个输入变量但仅有一个返回值的基本算法单元。CODESYS 的标准库中已经预有标准函数。函数可以被函数、功能块、程序使用。

1. 任务实施流程

任务实施流程，如图 2.4.10 所示。

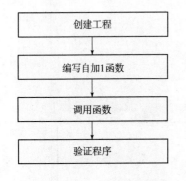

图 2.4.10　任务实施流程

2. 创建工程

（1）设备：CODESYS Control Win V3。

（2）编程语言：梯形逻辑图（LD）。

3. 编写自加 1 函数

新建一个函数，命名为 Inc。首先要打开"添加 POU"对话框，打开"添加 POU"对话框的操作如图 2.4.11 所示。

在"添加 POU"对话框中将名称改为"Inc"，类型选择为"函数（F）"，返回类型（R）写入"Int"，实现语言选择为"梯形逻辑图（LD）"，最后单击"打开"，完成函数 Inc 的创建，如图 2.4.12 所示。

下面开始编写函数 Inc 的程序。双击设备树下的函数"Inc(FUN)"来打开函数 Inc 的界面，先在变量声明区添加一个整型输入变量 Input_Var，然后再插入一个 ADD 函数，如图 2.4.13 所示，编写完成 Inc 程序。

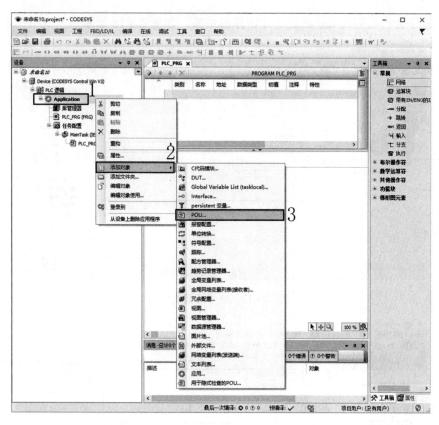

图 2.4.11　添加程序组织单元

使用函数要注意的是：函数名称（本例中 Inc 为函数名称）即为函数输出变量，图 2.4.13
中 ADD 的结果是保存在 Inc 中的，Inc 的结果需
要定义数据类型（图 2.4.12 中框 3 表示其输出数
据类型），且输出变量只能唯一。因为函数没有被
实例化，因此没有指定的内存分配地址。本例中
调用了 ADD 函数，可见函数可以另外再调用函
数，但是无法调用功能块和程序。

4. 调用函数

在主程序中调用加 1 函数 Inc。双击设备树下
的函数 PLC_PRG，先在变量声明区添加一个布尔
型变量 Calculate 和一个整型变量 Result，然后再
插入带有 EN/ENO 的功能块来调用 Inc 函数，如
图 2.4.14 所示。该程序会把布尔变量 Calculate 的
接通次数保存在 Result 里。

5. 验证程序

运行程序，并强制主程序的 Calculate 为 True，
则 Calculate 每次由断到通，Result 的值会加 1，

图 2.4.12　新建函数并定义返回的数据类型

49

推行时主程序会自动调用 Inc 函数，并计算出结果，如图 2.4.15 所示。

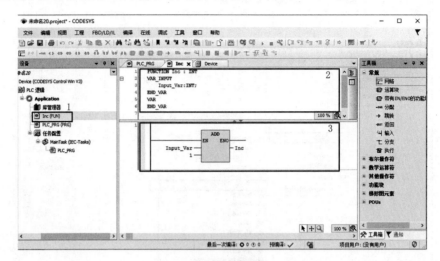

图 2.4.13　编写函数程序

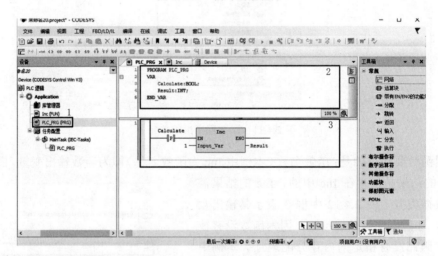

图 2.4.14　在主程序中调用函数 Inc

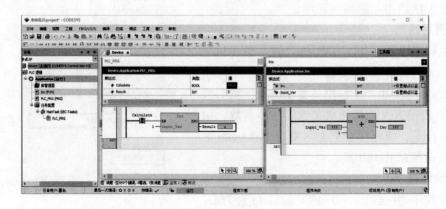

图 2.4.15　主程序中调用函数 Inc 结果验证

2.4.3 功能块

1. 案例 1

【任务名称】 功能块的调用。

【任务描述】 设计一个一元二次方程的求根公式，要求计算 $AX^2+BX+C=0$ 的两个根 X_1 和 X_2。

【任务实施】

功能块是把反复使用的部分程序块转换成一种通用部件，它可以在程序中被任何一种编程语言所调用，反复被使用，不仅提高了程序的开发效率，也减少了编程中的错误，从而改善了程序质量。功能块在执行时能够产生一个或多个值的程序组织单元，它保留有自己特殊的内部变量，控制器目标执行系统必须给功能块的内部状态变量分配内存，这些内部变量构成自身的状态特征。

（1）任务实施流程，如图 2.4.16 所示。

（2）创建工程：①设备，CODESYS Control Win V3；②编程语言，梯形逻辑图（LD）。

（3）编写"求根公式"功能块。创建"求根公式"功能块，首先要打开"添加 POU"对话框，打开"添加 POU"对话框的操作如图 2.4.17 所示。

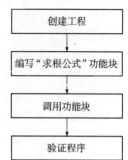

图 2.4.16 任务实施流程

图 2.4.17 添加程序组织单元

在"添加 POU"对话框上将名称命名为"求根公式"，类型选择为"功能块（B）"，实现语言选择为"梯形逻辑图（LD）"，最后单击"打开"，完成"求根公式"功能块的创建，如图 2.4.18 所示。

图 2.4.18　为功能块设置名称

双击设备树下的功能块"求根公式（FU）"打开功能块的界面，功能块"求根公式"所添加的变量（注意变量的类型，是输入还是输出）和编写的程序如图 2.4.19 所示。

使用功能块要注意的是：与函数不同的是，功能块可以有多个输出，一定要对每个输出变量赋值。功能块在调用时必须先实例化，图 2.4.20 中变量声明区的变量"求根公式 0"即为其实例化命名变量。功能块程序可以调用函数，也可以调用其他功能块。

（4）调用功能块。在主程序中调用"求根公式（FU）"功能块。打开 PLC_PRG 程序界面，在 PLC_PRG 程序上所添加的变量声明和编写的程序如图 2.4.20 所示。其中"求根公式"功能块的调用，是插入带有 EN/ENO 的功能块来完成调用的。

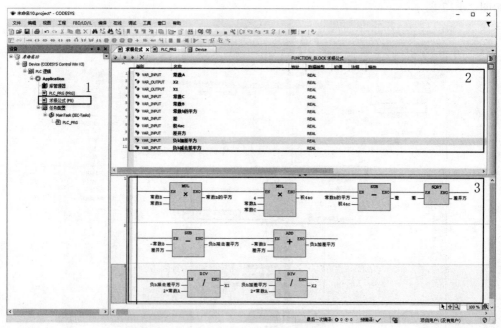

图 2.4.19　编写功能块程序

（5）验证程序。PLC_PRG 的执行过程：输入常数 A、常数 B、常数 C 的数值，当 $B^2 \geqslant 4 \times AC$ 时，求根平方输出根结果根 1 和根 2。如图 2.4.21 所示，验证程序中输入常数 A=1、常数 B=2、常数 C=1，程序执行输出为根 1=－1，根 2=－1。

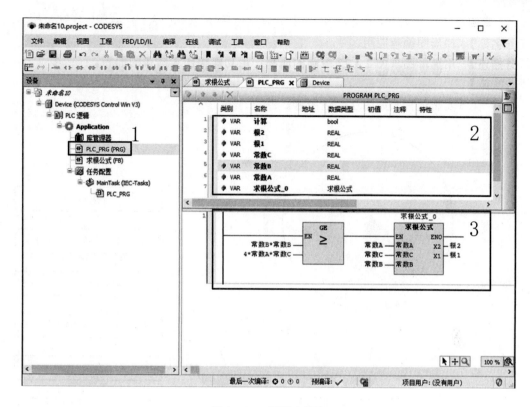

图 2.4.20　调用功能块

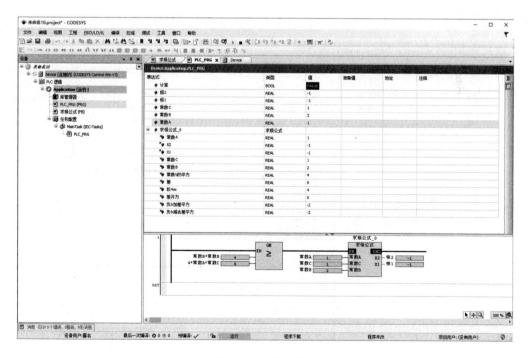

图 2.4.21　验证程序

2. 案例 2

【任务名称】　梯形图编程应用。

【任务描述】　用梯形图求图 2.4.22 中圆的面积；用功能块图求圆弧的面积。

【任务实施】

（1）任务实施流程，如图 2.4.23 所示。

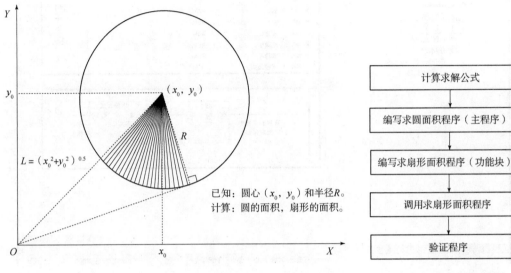

图 2.4.22　求圆与扇形的面积　　　　　　图 2.4.23　任务实施流程

计算求解公式：

圆面积 $=\pi r^2$

扇形面积 $=r^2 \times acos[R/(x^2+y^2)^{0.5}]/2$

（2）编写求圆面积程序。新建梯形逻辑图（LD）工程，在主程序中添加变量定义并编写 PLC 程序，如图 2.4.24 所示。

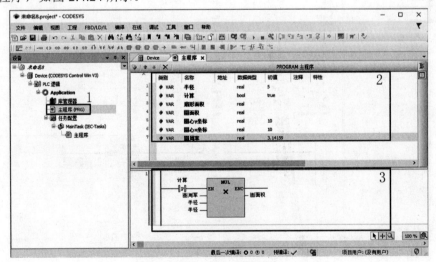

图 2.4.24　编写主程序

（3）编写求扇形面积功能块。新建"求扇形面积"功能块，在其程序中编添变量并编写 PLC 程序，如图 2.4.25 所示。

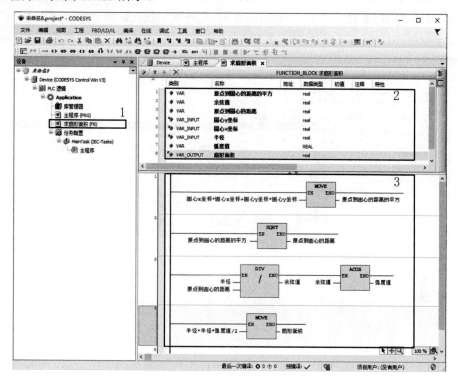

图 2.4.25　编写"求扇形面积"功能块

（4）调用扇形面积功能块。在主程序 PLC_PRG 中调用"求扇形面积"功能块，如图 2.4.26 所示。

图 2.4.26　调用"求扇形面积"功能块

（5）验证程序。运行程序，并强制让主程序的"计算"为 True，则主程序自动调用求扇形面积功能块，并计算出结果。如图 2.4.27 所示，在程序 MUL 函数中输入圆周率 3.14、半径 5、半径 5, MUL 函数的输出为圆面积 78.5；求扇形面积功能块"求扇形面积_0"的输入为圆心 y 坐标 10、圆心 x 坐标 10，半径 5，求扇形面积功能块"求扇形面积_0"的输出为扇形面积 15.1。

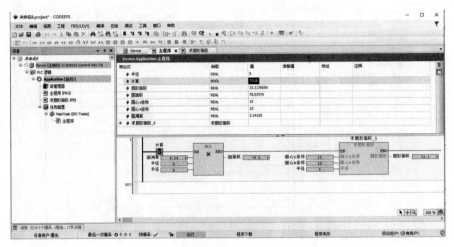

图 2.4.27　验证程序

第 3 章

数据类型和变量声明

3.1 数 据 类 型

3.1.1 标准数据类型

【任务名称】 标准数据类型的认知。

【任务描述】 对标准数据类型进行变量定义。

【任务实施】

CODESYS 标准数据类型共分为五大类，分别为布尔类型、整型类型、实数类型、字符串类型和时间数据类型，如图 3.1.1、表 3.1.1 所示。

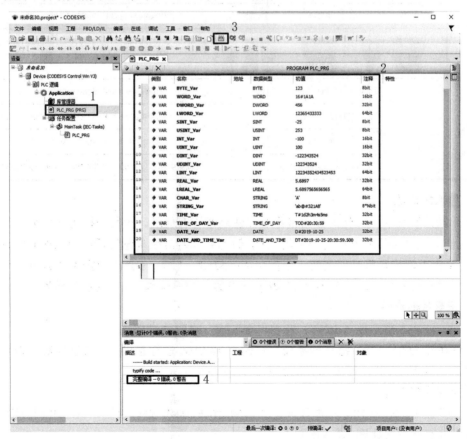

图 3.1.1 程序数据类型

表 3.1.1　　　　　　　　　　　　　　　　标 准 数 据 类 型

数据大类	数据类型	关键字	位数	取 值 范 围
布尔	布尔	BOOL	1	False（0）或 True（1）
整型	字节	BYTE	8	$0\sim(2^8-1)$
	字	WORD	16	$0\sim(2^{16}-1)$
	双字	DWORD	32	$0\sim(2^{32}-1)$
	长字	LWORD	64	$0\sim(2^{64}-1)$
	短整型	SINT	8	$(-2^7)\sim(2^7-1)$
	无符号短整型	USINT	8	(-2^8)
	整型	INT	16	$(-2^{15})\sim(2^{15}-1)$
	无符号整型	UINT	16	$0\sim(2^{16}-1)$
	双整型	DINT	32	$(-2^{31})\sim(2^{31}-1)$
	无符号双整型	UDINT	32	$0\sim(2^{32})$
	长整型	LINT	64	$(-2^{63})\sim(2^{63}-1)$
实数	实数	REAL	32	1.175494351e-38～3.402823466e+38
	长实数	LREAL	64	2.2250738585072014e-308～1.7976931348623158e+308
字符串	字符串	STRING	8*N	
时间数据	时间	TIME	32	T#0ms～T#71582m47s295ms
		TIME_OF_DAY		TOD#0:0:0～TOD#1193:02:47.295
		DATE		D#1970-1-1～D#2106-02-06
		DATE_AND_TIME		DT#1970-1-1-0:0:0 ～DT#2106-02-06-06:28:15

1. 整数的存储

在计算机系统中，所有的数据都是以二进制进行存储的，整数一律用补码来表示和存储，并且正整数的补码和原码是一样的；负整数的补码为其绝对值的反码+1。USINT、UINT、UDINT 数据类型为无符号整型数，无符号位；SINT、INT、DINT 数据类型为有符号整型数，最高位为符号位，符号位为"0"表示正整数，符号位为"1"表示负整数。

2. 正整数的存储

示例：计算短整型数（SINT）78 和-78 对应二进制值存储值。

短整型数 SINT（78）将被转换成二进制 0100 1110 进行存储，该二进制数即为正整数 78 的补码（也是原码），其表示方法如图 3.1.2 所示。

3. 负整数的存储

短整型数 SINT（-78）将被转换成二进制 1011 0010 进行存储，该二进制数即为-78 的补码，其表示方法如图 3.1.3 所示。

b7	b6	b5	b4	b3	b2	b1	b0
0	1	0	0	1	1	1	0

$78 = 0\times2^7 + 1\times2^6 + 0\times2^5 + 0\times2^4 + 1\times2^3 + 1\times2^2 + 1\times2^1 + 0\times2^0$

|-78| = 78的原码：0100 1110

反码：1011 0001

补码：1011 0010

图 3.1.2　整型数 78（SINT）的表示方法　　图 3.1.3　整型数-78（SINT）的表示方法

4. 浮点数的存储

在计算机系统中，浮点数分为 REAL（32 位）和 LREAL（64 位），不一样的存储空间，其记录的数据值的精度不一样。浮点数的存储最高位为符号位，符号位"0"表示正实数，符号位为"1"表示负实数。

示例：浮点数的存储，计算实数（REAL）23.5 对应二进制值存储值。

对于 REAL 型浮点数，其数据存储方式和计算公式如图 3.1.4 所示。

$$V = \frac{(-1)^S \cdot (1+M) \cdot 2^E}{2^{127}} \quad （备注\ 0 \leqslant M < 1）$$

图 3.1.4　REAL 型浮点数的存储方式和计算公式

实数（REAL）23.5 转换成二进制的计算过程如图 3.1.5 所示。

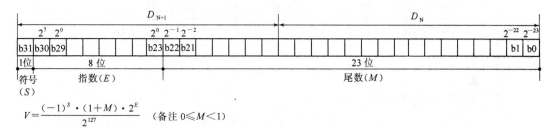

图 3.1.5　实数（REAL）23.5 转换成二进制的计算过程

5. 字符的存储

在计算机系统中，字符的存储采用 ASCII 编码方式。ASCII（American Standard Code for Information Interchange，美国信息互换标准代码）是基于拉丁字母的一套电脑编码系统。它主要用于显示现代英语和其他西欧语言。它是现今最通用的单字节编码系统，并等同于国际标准 ISO/IEC 646，包含了所有的大小写字母、数字 0 到 9 及标点符号等。7 位的 ASCII 码如图 3.1.6 所示。

示例：字符"A"对应二进制值存储值，通过 ASCII 表可知，字符"A"为 0100 0001。

L＼H	0000	0001	0010	0011	0100	0101	0110	0111
0000	NUL	DLE	SP	0	@	P	`	p
0001	SOH	DC1	!	1	A	Q	a	q
0010	STX	DC2	"	2	B	R	b	r
0011	ETX	DC3	#	3	C	S	c	s
0100	EOT	DC4	$	4	D	T	d	t
0101	ENQ	NAK	%	5	E	U	e	u
0110	ACK	SYN	&	6	F	V	f	v
0111	BEL	ETB	,	7	G	W	g	w
1000	BS	CAN	)	8	H	X	h	x
1001	HT	EM	(	9	I	Y	i	y
1010	LF	SUB	*	:	J	Z	j	z
1011	VT	ESC	+	;	K	[	k	{
1100	FF	FS	,	<	L	\	l		
1101	CR	GS	-	=	M	]	m	}
1110	SO	RS	.	>	N	^	n	~
1111	SI	US	/	?	O	_	o	DEL

图 3.1.6 ASCII 码

3.1.2 标准的扩展数据类型

作为对 IEC 61131-3 标准中数据类型的补充，CODESYS 还有标准的扩展数据类型有长时间数据、引用、指针等类型，这些扩展类型见表 3.1.2。

表 3.1.2   IEC 61131-3 标准的扩展数据类型

数据大类	数据类型	关键字	位数	取值范围
联合体	联合体	UNION		自定义
时间数据	长时间	LTIME	64	纳秒~天
引用	引用	REFERENCE TO	$16 \times (N+1)$	
宽字符串	字符串	WSTRING		自定义
指针	指针	POINTER TO		自定义

1. 联合体变量

【任务名称】 联合体变量的应用。

【任务描述】 使用联合体，实现将 2 个字节变量整合成 1 个字变量。

【任务实施】

让多个变量（可能是不同的数据类型）共用相同的数据存储空间，有时需要用到联合体（Union）。通过下面的例子，将使读者对联合体的使用有一定的了解。

首先，在数据单元类型中新建一个联合体变量，添加联合体变量的操作为：在设备树下右击"Application"→"添加对象"→"DUT…"（DUT：Data Unit Type，数据单元类型），如图 3.1.7 所示。

图 3.1.7　添加 DUT 对象

在弹出的"添加 DUT"对话框内设置 DUT 的名称（Name），名称可以自定义，这里设置名称为"DUT"，DUT 的类型（Type）选择"Union"，其操作如图 3.1.8 所示。

双击打开设备树下的"DUT"，添加 nWord 和 nByte 成员，其数据类型分别为WORD 和 ARRAY [0..1] OF BYTE（包含 2 个元素的一维字节数组），其添加过程如图 3.1.9 所示。

打开 PLC_PRG 程序界面，下面将在 PLC_PRG 上调用名称为"DUT"的联合体。在变量声明区添加变量UN_Word_test，设置其数据类型为联合体的名称，即完成了联合体的调用。再添加变量 nByte_Low，数据类型为BYTE，初值设置为 16#12，最后添加变量 nByte_High，数据类型为 BYTE，初值设置为 16#34。在程序编辑区将nByte_Hight 的值赋值给联合体变量 UN_Word_Test 成员：字节数组 nByte[0]，nByte_Low 的值赋值给联合体变量UN_Word_Test 成员：字节数组 nByte[1]。调用联合体的操作如图 3.1.10 所示。

图 3.1.8　设置 DUT 类型为 Union

完成联合体的应用，单击编译，然后进行联合体的仿真调试。在调试时，可以在 PRG_PRG 程序的变量声明区和程序编辑区查看联合体变量UN_Word_Test 成员的数值变化，其如图 3.1.11 所示。数据大类相同的联合体成员，在它们数据类型变化范围内，它们在联合体的数据结果相同。由于给成员数据类型都为 Byte，所以 UN_Word_Test 的 nByte[0]、nByte[1]赋值也相当于赋值给 UN_Word_Test 的 nWord。注意：WORD 类型 16 位数低位在前，高位在后。

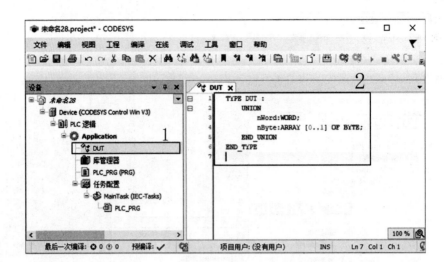

图 3.1.9 添加联合体成员 nWord 和 nByte

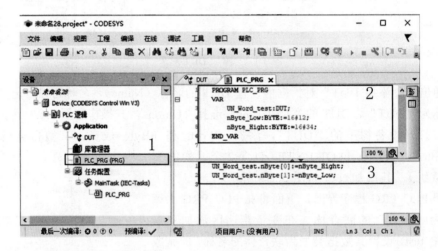

图 3.1.10 调用联合体的操作

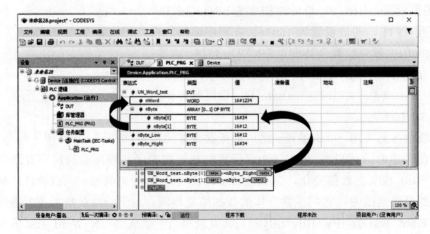

图 3.1.11 联合体赋值运行结果

2. 长时间数据示例

【任务名称】 长时间数据变量的应用。

【任务描述】 定义一个长时间类型，让它的值等于1000d15h23m12s34ms2us44ns。

【任务实施】

长时间（LTIMF）数据提供长时间类型数据作为高精度计时器的时间基量。与 TIME 类型不同的是：TIME 的长度为 32 位且精度为毫秒，LTIME 的长度为 64 位且精度为纳秒。LTIME：长时间，精度为纳秒。可以用 LTIME#表示日期和时间，语法格式为：LTIME#<长时间声明>。下面的示例演示 LTIME 类型的变量的赋值。

新建一个工程，选择结构化文本（ST）编程方式。首先添加一个 tLT 变量，其类型为 LTIME。接着在程序编辑区添加 MOVE 功能块，将长时间值 LTIME#1000d15h23m12s 34ms2 us44ns 赋值到 tLT 变量中，如图 3.1.12 所示。

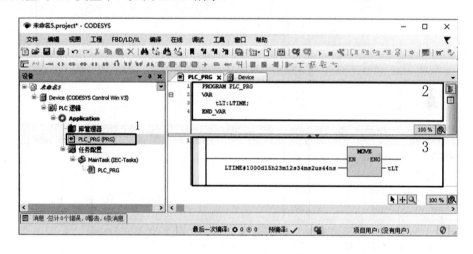

图 3.1.12 长时间类型变量赋值

3. 引用示例

【任务名称】 引用的应用。

【任务描述】 通过变量引用实现数据的转移。

【任务实施】

新建一个工程，选择结构化文本（ST）编程方式。添加一个 REF_INT 变量作为引用变量，所引用对象数据的数据类型为 INT。由于引用声明的语法格式为：

<标识符>：REFERENCE TO<数据类型>；

所以 REF_INT 的声明应为"REF_INT : REFERENCE TO INT；"。接着在程序变量区添加两个整型变量 Var1 和 Var2 用来实现数据的转移。

在 PLC_PRG 的程序编辑区写入引用语句"REF_INT REF= Var1;"将使引用变量 REF_INT 指向 Var1（注意：是用"REF="来指向引用），此时 REF_INT 与 Var1 的值相关联，两者相互影响，引用的赋值和所指向的数据是相同的。即 REF_INT 的值改变，Var1 的值也随之改变；Var1 的值改变，REF_INT 的值也随之改变。

接着在程序编辑区写入赋值语句"REF_INT:=12;"会将数值 12 赋值给 REF_INT，

此时 Var1 的值也将变为 12。最后在写入赋值语句"Var2:=REF_INT * 2;"，将使 Var2 的值变成 24，程序完整的变量声明和编辑如图 3.1.13 所示，程序运行的输出结果如图 3.1.14 所示。

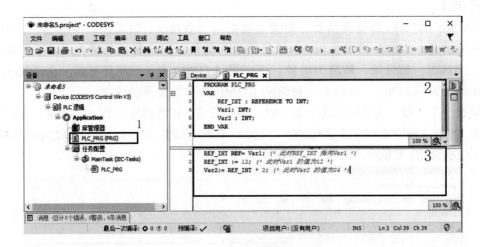

图 3.1.13　引用应用示例

Device.Application.PLC_PRG			
表达式	类型	值	准备值
◆ REF_INT	INT	12	
◆ Var1	INT	12	
◆ Var2	INT	24	

```
1  ● REF_INT  12   REF= Var1  12  ;        (* 此时REF_INT指向Var1 *)
2  ● REF_INT  12   := 12;                   (* 此时Var1的值为12 *)
3  ● Var2  24  := REF_INT  12  * 2;        (* 此时Var2的值为24 *) RETURN
```

图 3.1.14　引用示例的输出结果

4. 宽字符串示例

【任务名称】　宽字符串的应用。

【任务描述】　定义宽字符串变量并赋值为"Hello World"。

【任务实施】

在使用宽字符串时应该注意：①定义宽字符串变量的赋值应该将字符串放在两个单引号内，此与 String 字符串一样；②宽字符串支持中文字符串赋值，其由 Unicode 解码；③对于 String 字符串，只能支持 ASCII 码字符串；④在指定字符串大小时，宽字符串与 String 字符串相比，更占存储空间，宽字符串所占存储空间为 $2 \times (N+1)$ 字节（Byte），String 字符串为 $N+1$ 字节（Byte）。

新建一个工程，选择梯形图（LD）编程方式。添加两个宽字符串变量 Var_WStr_Chinese 和 Var_WStr_English，分别用来表示中文和英文。

在程序编辑区将"Hello World"通过 MOVE 语句块赋值给 Var_WStr_English，再将

"您好，世界"也通过 MOVE 语句块赋值给 Var_WStr_Chinese，如图 3.1.15 所示。

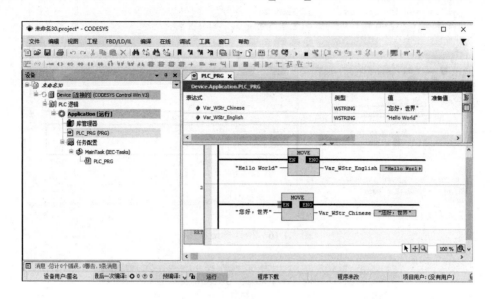

图 3.1.15　宽字符串示例

5. 指针变量示例

【任务名称】　指针变量的应用。

【任务描述】　通过指针变量的应用，实现数据转移。

【任务实施】

软件对一个变量进行编译后，会给这个变量分配相应的存储地址，该地址即为该变量的指针。如果有另外一个变量用来存储这个地址，则这个变量成为"指针变量"。声明指针的语法为：

<标识符>: POINTER TO <数据类型|功能块|程序|方法|函数>;

通过在指针标识符后添加内容操作符"^"，可以取得指针所指地址的内容。下面将通过一个示例来了解指针的使用。

新建一个工程，选择结构化文本（ST）编程方式。添加一个指针变量 PointVar，两个整型变量 var1 和 var2，其中 var2 赋初值 5。

在程序编辑区写入"PointVar := ADR（var1）;"语句，此语句的作用是将指针 PointVar 指向 var1，其中 ADR 指令是用来获取变量内存地址的操作符。接着再添加"var2 := PointVar^;"语句，此语句的作用是通过内容操作符"^"获取指针 PointVar 所指向内存地址中对应的具体数据，即 Var1 中的内容，添加的变量定义和编写的程序如图 3.1.16 所示，程序运行的输出结果如图 3.1.17 所示。

3.1.3　自定义数据类型

1. 数组

数组类型在 CODESYS 中被大量使用，使用数组可以有效地处理大批量数据，可以大大提高工作效率。数组是有序数据的结合，其中的每一个元素都拥有相同的数据类型。

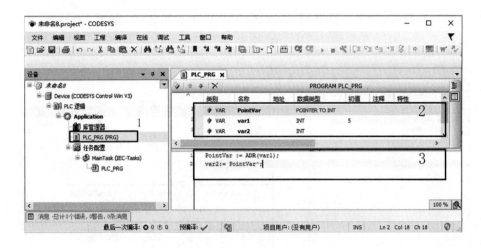

图 3.1.16 指针变量示例

Device.Application.PLC_PRG		
表达式	类型	值
PointVar	POINTER TO INT	16#13B7143A
PointVar^	INT	5
var1	INT	5
var2	INT	5
1 PointVar 16#13B7143A := ADR(var1 5);		
2 var2 5 := PointVar^ 5 ;RETURN		

图 3.1.17 指针示例输出结果

【任务名称】 1 维度数组的应用。

【任务描述】 建立一个数组，一共 1000 个元素，分别是 1～1000，针对它们的序号进行逆序赋值（第 1 个元素的值为 1000，第 2 个为 999，…，第 1000 个为 1）。

【任务实施】

新建一个工程,选择结构化文本(ST)编程方式。在工程中添加一个整型数组变量 arr_1 和一个整型变量 i，数组变量的下标设置为[1..1000]。为了实现逆序赋值，用一个 FOR 循环对数组的元素赋值进行控制。FOR 循环的具体格式如下所示：

```
FOR <变量> := <初始值> TO <目标值> {BY <步长>} DO
    <语句内容>
END_FOR;
```

将 i 作为 FOR 循环的控制变量，设其初始值为 1，目标值为 1000，步长不用设置，默认为 1。FOR 循环里面的执行语句 "arr_1[i]:=1000−i+1；"，随着 FOR 循环的运行，i 的值从 1 增大到 1000，所以 arr_1 的下标（序号）也不断增大。由于 arr_1 的元素所赋的值为 1000-i+1，所以随着 FOR 循环的运行，arr_1 的元素所赋的值从 1000 减小到 1，从而实现了数组的反序赋值，添加的变量和编写的程序如图 3.1.18 所示，程序运行的输出结果如图 3.1.19 所示。

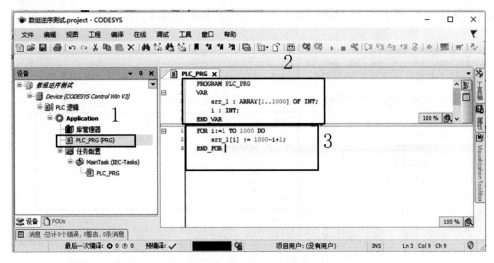

图 3.1.18　数组变量示例

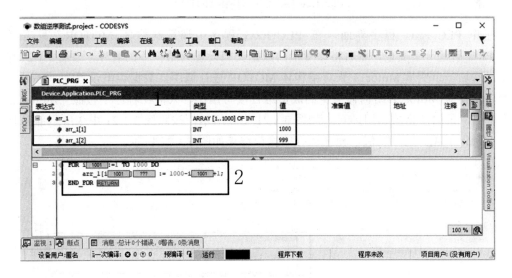

图 3.1.19　数组示例输出结果

2. 结构体

结构体是由一系列具有相同类型或不同类型的数据构成的数据集合。

【任务名称】　结构体的应用。

【任务描述】　建立一个电机结构体模型，它包含产品型号（Product_ID）、生产厂家（Vendor）、额定电压（Nominal Voltage）、额定电流（Nominal Current）、极对数（Poles），是否带刹车（Brake）等信息。

【任务实施】

新建一个工程，选择结构化文本（ST）编程方式。先添加一个 MOTOR 结构体，结构体的添加操作为：在设备树下右击"Application"→"添加对象"→"DUT"。在弹出来的"添加 DUT"对话框设置数据单元的名称（Name）为 MOTOR，类型（Type）选择为结构体（STRUCT）。在结构体 MOTOR 上添加如图 3.1.20 所示成员。

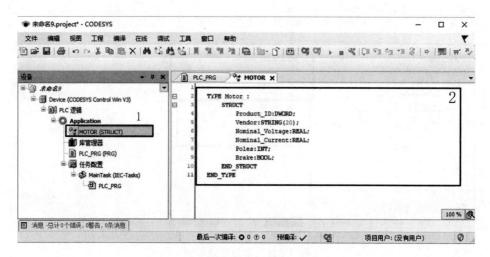

图 3.1.20　创建的结构体 MOTOR

打开 PLC_PRG 程序界面，在 PLC_PRG 程序中调用结构体 MOTOR，只需要在 PLC_PRG 新建一个变量，然后将该变量的数据类型设置为结构体的名称，如图 3.1.21 中 2 所示。添加一个变量 Motor_1 来对结构体 MOTOR 进行调用，数据类型设置为"Motor"。在程序中要对 Motor_1 结构体变量的成员进行读写操作，只需在程序中按照"Motor_1.成员变量名"的语法格式调用即可，如图 3.1.21 中 3 所示。按照图 3.1.21 中 3 所示部分对结构体 Motor_1 成员进行赋值，程序运行的输出结果如图 3.1.22 所示。

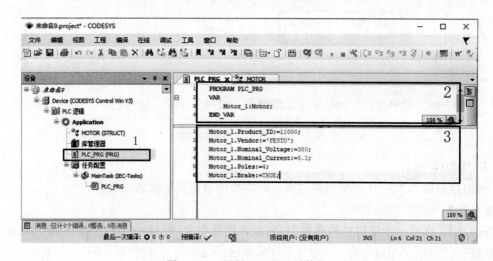

图 3.1.21　调用 MOTOR 结构体

3. 枚举

如果一种变量有几种可能的值，可以定义为枚举类型。枚举是将变量的值一一列举出来。

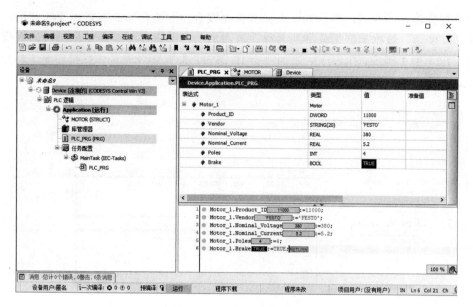

图 3.1.22 结构体示例输出结果

【任务名称】 枚举的应用。

【任务描述】 建立一个枚举数据类型，分别表示周日到周六，通过输入数值进行判断今天是工作日还是休息日。

【任务实施】

新建一个工程，选择结构化文本（ST）编程方式。先添加一个枚举 Weekday，枚举的添加操作为：在设备树下右击"Application"→"添加对象"→"DUT"。在弹出来的"添加 DUT"对话框设置数据单元的名称（Name）为 Weekday，类型（Type）选择为 Enumeration。添加好枚举 Weekday 后，在枚举上添加如图 3.1.23 所示元素。

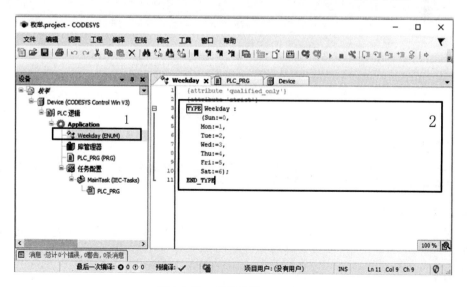

图 3.1.23 创建枚举 Weekday

对于数据单元的调用，都是大同小异。参照联合体和结构体的数据单元的调用，添加一个 Today 变量，数据类型为枚举的名称。再添加一个字符类型变量 WhatDay，变量的创建如图 3.1.24 中 2 所示。在程序中添加一个 IF 语句，来判断今天是休息日还是工作日，如图 3.1.24 中 3 所示。图 3.1.25 是枚举示例程序的输出结果。

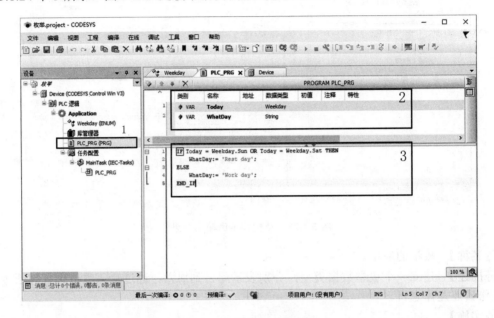

图 3.1.24　枚举类型的使用

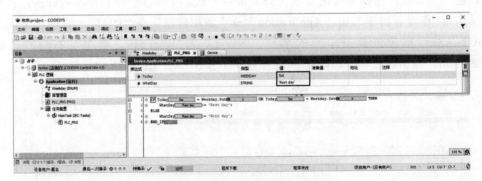

图 3.1.25　枚举示例程序的输出结果

4. 子范围

子范围是一种用户自定义类型，该类型定义了某种数据类型的取值范围，经常用于预防变量的超限赋值。

【任务名称】　子范围的应用。

【任务描述】　定义一个整型变量，使得它的数字范围为 0～90，如果输赋值超出范围，将提示报警。

【任务实施】

新建一个工程，选择梯形图（LD）编程方式。添加一个 nPosition 变量作为子范围示例程序演示用的变量。注意：声明子范围类型时，先确定基本类型（整型），再提供该类型的两个常数。子范围声明的语法如下：

<标识符>:<数据类型>（<下限>..<上限>）；

<下限>定义了该数据类型的下限，下限本身也属于这个范围，上限跟下限一样。根据子范围类型声明语法来声明 nPosition 变量，其如图 3.1.26 中 2 所示。在程序编辑区加入一个 MOVE 函数，将 99 赋值给 nPosition 变量作为初值，如图 3.1.26 中 3 所示。这时你将看见程序报错，如图 3.1.26 中 4 所示，因为数值 99 超过了子范围所定义的上限。

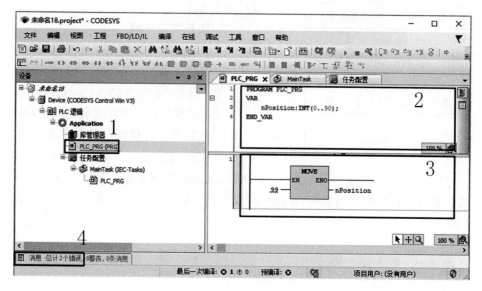

图 3.1.26　初值超过子范围上限

将数值 99 改为 50，程序编译通过。在程序运行时写入准备值 98，按"Alt+F7"键写入，如图 3.1.27 所示，程序也会报错，说明在使用子范围类型时，初值和过程值皆不能超过变量定义的子范围。

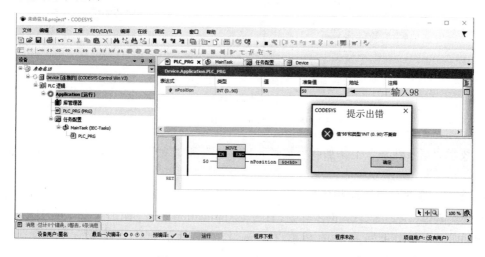

图 3.1.27　写入值超过子范围上限

3.1.4 数据类型示例

【任务名称】 数据类型综合练习。

【任务描述】 某机电班共 25 人，建立一个"机电班学生"数组表格，并把数组的数据类型定义成"学生"结构体，该"学生"结构体包含以下内容：学号，Int（范围：01～99）；姓名，WString（支持中英文名）；性别：Bool（枚举：0，男生；1，女生）；身高，Real；电话号码，String（11 位）。

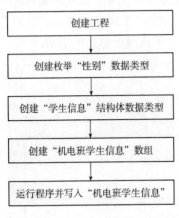

图 3.1.28 任务实施流程

【任务实施】

1. 任务实施流程

任务实施流程，如图 3.1.28 所示。

2. 创建工程

（1）设备：CODESYS Control Win V3。

（2）编程语言：梯形逻辑图（LD）。

3. 创建枚举"性别"数据类型

工程创建完成后，在设备树下右击"Application"→"添加对象"→"DUT…"。在弹出的对话框中填写枚举的名称（Name）"性别"，类型（Type）选择为"Enumeration"，如图 3.1.29 所示。

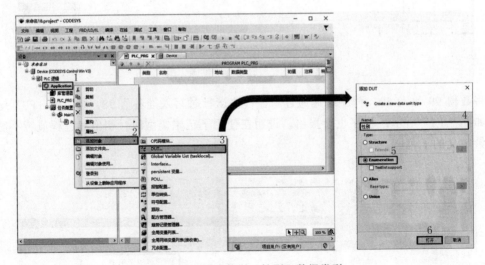

图 3.1.29 创建枚举"性别"数据类型

在枚举数据"性别"上添加两个枚举元素"男"和"女"，分别赋值 0 和 1 如图 3.1.30 所示。

4. 创建"学生信息"结构体数据类型

创建结构体"学生信息"的步骤为：右击"Application"→"添加对象"→"DUT…"。在弹出的对话框中填写枚举的名称（Name）"学生信息"，类型（Type）选择为"Structure"，如图 3.1.31 所示。

图 3.1.30　枚举"性别"元素定义

图 3.1.31　创建"学生信息"结构体数据类型

在结构体"学生信息（STRUCT）"上添加成员："学号"数据类型为"UINT"，子范围为（01..25）；"姓名"数据类型为"WSTRING"；"性别"数据类型为枚举"性别"；"电话号码"数据类型为"STRING"；"身高"数据类型为"REAL"，"学生信息"结构体成员定义如图 3.1.32 所示。

5. 创建"机电班学生信息"数组

创建"机电班学生信息"数组的步骤为：①双击程序 PLC_PRG，进入程序界面；②在程序变量区的左上角单击"插入"图标，会变量区插入一个新变量；③填写变量的名称为"机电班学生信息"；④双击数据类型，然后旁边点击"⟩"图标选择"数组助手"；⑤在弹出的"数组"对话框填写一维数组的字段范围，起始值为1；⑥填写最终值为25；⑦点击数组的基本类型旁的"⟩"图标选择"输入助手"；⑧弹出的"输入助手"对话框点击类别；⑨选择"结构体"类型；⑩在设备树下的"Application"下找到结构体"学生信息"并选择;⑪单击"输入助手"对话框的"确定"来保存选择;⑫单击"数组"对话框的"确定"来保存"机电班学生信息"数组。创建数组"机电班学生信息"具体的操作如图 3.1.33 所示。

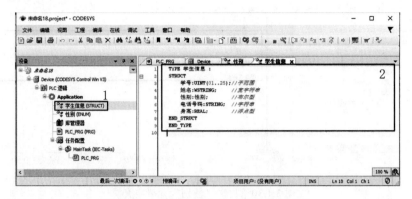

图 3.1.32 "学生信息"结构体成员定义

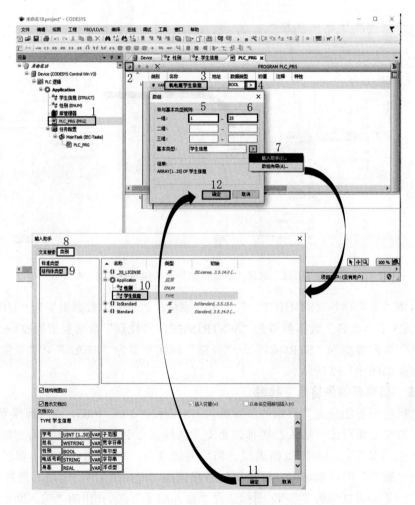

图 3.1.33 创建"机电班学生信息"数组

6. 运行程序并写入"机电班学生信息"

程序编译无误后，运行程序。按照数组的结构填写学生的信息，其中枚举类型可以列表选择，如图 3.1.34 所示。

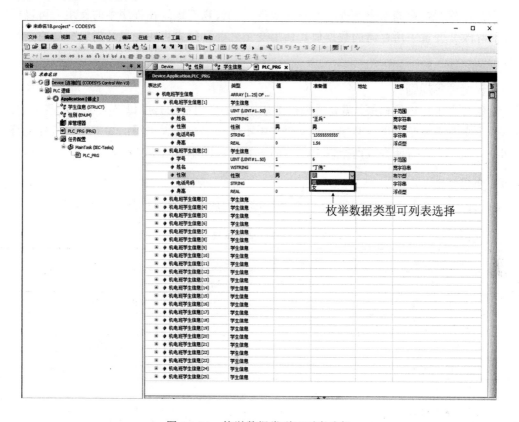

图 3.1.34　枚举数据类型可列表选择

还要注意学号的填写范围为结构体"学生信息"的成员"学号"的子范围"01..25"，超出这个范围将会弹出报警，如图 3.1.35 所示。

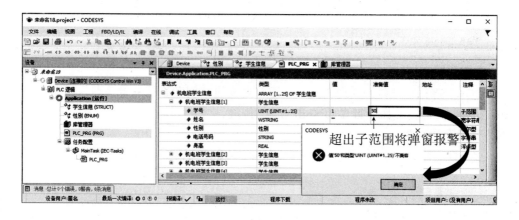

图 3.1.35　超出子范围将弹窗报警

3.2　变　量　定　义

变量是保存在存储器中待处理的抽象数据，代替物理地址在程序中的使用。可以根据需要随时改变变量中所存储的数据值，使用变量之前必须先声明变量及指定变量的类型和名称。

3.2.1　变量命名规则

变量命名由标识符构成，需要遵循以下规则：①标识符的首字母必须是字母或下划线，最后一个字符必须是字母或数字；②标识符中不区分字母的大小写；③下划线是标识符的一部分，但不允许有两个或两个以上连续的下划线；④不得含有空格。

3.2.2　变量类型

CODESYS 的数据类型与 IEC 61131-3 标准的扩展数据类型相符，具体见表 3.2.1。

表 3.2.1　　　　　　　　　　IEC 61131-3 标准的扩展数据类型

变 量 类 型	变 量 属 性	说　　明
VAR	局部变量	
VAR_INPUT	输入变量	只由外部提供
VAR_OUTPUT	输出变量	只提供给外部
VAR_IN_OUT	输入-输出变量	可由外部提供，也可供给外部
VAR_TEMP	临时变量	程序和功能块内部存储使用的变量
VAR_STAT	静态变量	
VAR_GLOBAL	全局变量	能在所有配置、资源内使用
VAR_EXTERNAL	外部变量	能在程序内部修改，但需由全局变量提供
VAR CONSTANT	常量变量	常量为固定值
VAR RETAIN		热复位后数据保持不变
VAR RETAIN PERSISTENT	保持型变量	
VAR PERSISTENT RETAIN		冷复位、热复位、重新下载程序后数据保持不变
VAR PERSISTENT		

3.2.3　变量声明

在 CODESYS 中变量声明分为两类，即普通变量声明和直接变量声明。其操作快捷方式为在变量定义区同时按下键盘的 Shift 和 F2 按键。

1. 普通变量声明

普通变量不需要和硬件外设或通信进行关联变量，仅供工程内部逻辑使用。

```
< 标识符>:<数据类型> {:=<初值>}；
如：bTest:BOOL；
    bTest:BOOL:=True；
```

2. 直接变量声明

当需要对 PLC 的 I/O 模块或外部设备进行变量映射时，需采用直接变量声明。关键字 AT 把变量直接联结到确定地址，使用"%"开始，随后是位置前缀和大小前缀符号，如果有分级，则用整数表示分级，并用小数点符号"."表示，如%IX0.0，%QW0。

> <标识符> AT <地址>:<数据类型> {:=<初始化值>};
>
> 如：nTest AT %IX0.0:BOOL:=True；

在直接变量声明中，出现了前缀符号，其符号定义见表 3.2.2。

表 3.2.2   IEC 1131-3 标准的扩展数据类型

前 缀 符 号		定 义	位 数
位置前缀	I	输入单元位置	
	Q	输出单元位置	
	M	存储器单元位置	
大小前缀	X	单个单位	BOOL
	B	字节位（8 位）	BYTE
	W	字位（16 位）	WORD
	D	双字（32 位）	DWORD
	L	长字（64 位）	LWORD

需要注意的是，在仿真中，一般都采用普通变量命名。

3.2.4 变量声明示例

【任务名称】 普通变量、保持型变量声明。

【任务描述】 定义 3 个整型变量 iNormalVar（Var 普通变量）、iRetainVar（Retain 保持型变量）、iPersistentVar（Persistent 保持型变量），通过操作查看验证三种变量的差异。

【任务实施】

1. 定义变量

在变量定义区同时按下"Shift+F2"键，弹出变量定义窗口对 iNormalVar、iRetainVar、iPersistentVar 三个整型变量进行定义，如图 3.2.1 所示。

定义好变量后编译程序会提示要有 PersistentVars 的实例路径的警告，因此需要进行 PersistentVars 清单的配置。

2. 创建并生成 PersistentVars

在设备树中右击"Application"，选中"添加对象"→"Persistent 变量…"，则在设备中创建了 PersistentVars 清单，如图 3.2.2 和图 3.2.3 所示，双击打开 PersistentVars 清单，在其工作区域任意空白处右击，在弹出的窗口中选择"添加所有实例路径"，则可自动生成 Persistent 变量的实例路径，此时再编译程序将不再弹出警告。

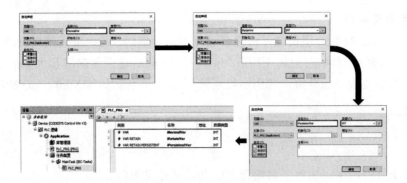

图 3.2.1　定义变量

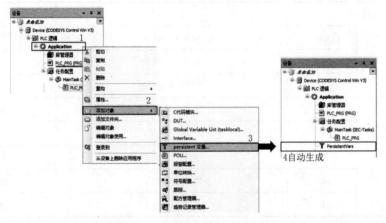

图 3.2.2　创建 PersistentVars 清单

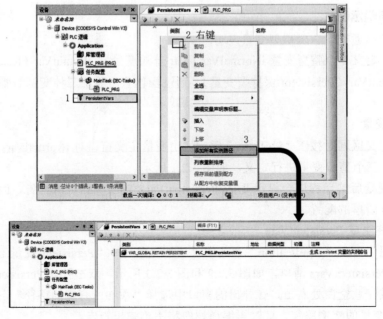

图 3.2.3　生成 PersistentVars 清单

3. 验证变量

将程序进行下载后，强制写入三个变量的值，并通过热复位、冷复位和初始复位查看可发现三者区别，具体验证效果如图 3.2.4 所示。

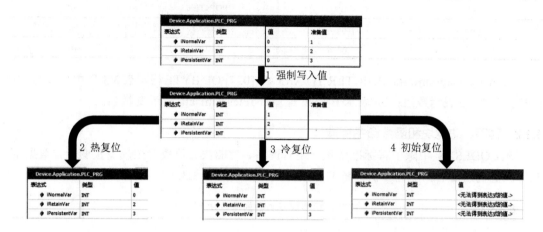

图 3.2.4 验证变量

3.3 匈牙利命名法

匈牙利命名法是一种编程时的命名规范，由 1972—1981 年在施乐帕洛阿尔托研究中心工作的程序员查尔斯·西蒙尼发明，此人后来成了微软的总设计师。其基本原则是：变量名＝属性＋类型＋对象描述。CODESYS 中的所有标准库均采用匈牙利命名法则。

3.3.1 变量的命名

给应用程序和库中的变量命名时应当尽可能地遵循匈牙利命名法，每一个变量的基本名字中应该包含一个有意义的简短描述；基本名字中每一个单词的首字母应当大写，其他字母则为小写，例如：FileSize；再根据变量的数据类型，在基本名字之前加上小写字母前缀，表 3.3.1 列出了一些特定数据类型的推荐前缀和其他相关信息。

表 3.3.1 匈牙利标准类型变量命名法

数据类型	前缀	数据类型	前缀
BOOL	b	ULINT	uli
BYTE	by	REAL	r
WORD	w	LREAL	lr
DWORD	dw	STRING	s
LWORD	lw	TIME	tim
SINT	si	TIME_OF_DAY	tod
USINT	usi	DATE_AND_TIME	dt
INT	i	DATE	date

续表

数 据 类 型	前 缀	数 据 类 型	前 缀
UINT	ui	ENUM	e
DINT	di	POINTER	p
UDINT	udi	ARRAY	a
LINT	li	STRUCT	stru

如：pabyTelegramData: POINTER TO ARRAY [0..7] OF BYTE根据表3.3.1 中可以得知：p 表示指针；a 表示数组；by 表示 BYTE 配型；TelegramData 表示变量名。

3.3.2 程序、功能块和函数命名标准

在 CODESYS 中除了有标准变量，还有程序、功能块、函数及全局变量变量，数据结构等。他们的命名标准也有供参考的法则，具体格式见表 3.3.2。

表 3.3.2   程序、功能块及函数的命名法则

名 称	前 缀	举 例
Program	PRG_	PRG_ManualControl
Function Block	FB_	FB_VerifyComEdge
Function	FC_	FC_Scale
List of Global Variables	GlobVar	GlobVar_IOMapping， GlobVar_Remote

第 4 章

编　程　语　言

CODESYS 支持梯形图（Ladder Diagram，LD）、功能块图（Function Block Diagram，FBD）、指令表（Instruction List，IL）、结构化文本（Structured text，ST）、顺序功能图（Sequential Function Chart，SFC）和连续功能图（Continuous Function Chart，CFC）六种编程语言。

这六种编程语言的特点各异。

（1）梯形图，以图像方式编写，工业自动化领域中使用最多的 PLC 编程语言。

优点是与电气操作原理图相对应，较直观，电气技术人员易于掌握和学习；缺点是在应对复杂的控制系统编程时往往程序描述性不够清晰。

（2）功能块图，以图像方式编写，以功能块为设计单位，能从控制功能入手。

优点是使控制方案的分析和理解变得容易，功能块具有直观性强、容易掌握的特点，有较好的操作性，在应对复杂控制系统时仍可用图形方式清晰描述；缺点是每种功能块要占用程序存储空间，并延长程序执行周期。

（3）指令表，以文字语言方式编写，编程及调试时不受屏幕大小的限制。

优点是易于记忆及掌握，与梯形图有对应关系；缺点和梯形图一样，对复杂系统的程序描述不够清晰。CODESYS 现有的 3.5 版本编程软件已经不再提供该编程方式，本书也介绍此编程方式。

（4）结构化文本，以文字语言方式编写，是最灵活的编程语言。

优点是可实现复杂运算控制，进行数据处理时有很大优势；缺点是对编程人员的技能要求高，且编译时需要将代码转换为机器语言，编译时间长、执行速度慢，直观性和易操作性差。

（5）顺序功能图，以图像方式编写，以完成的功能为主线。

优点是操作过程条理清楚，便于对程序操作过程的理解和思路，只对活动步进行扫描，可缩短程序执行时间；缺点是对过程控制编程不方便。

（6）连续功能图，以图像方式编写，在连续控制行业中，得到大量使用。

优点是在整个程序中可自定义运算块的计算顺序，易于实现大规模、数量庞大但又不易细分功能的流程运算；缺点是与功能一样，每种功能块要占用程序存储空间，并延长程序执行周期。

后续内容将针对各种案例，进行不同的编程语言的编写，由于 LAD 和 FBD 前面做过介绍，指令表用得很少，在后面内容中将不作介绍。

4.1　梯　形　图

梯形图起源于美国，是基于图形表示的继电器逻辑。梯形图程序的左、右两侧有两垂直的电力轨线。左侧的电力轨线名义上为能流从左向右沿着水平梯级通过各个触点、线圈、功能块等提供能量，能流的终点是右侧的电力轨线。每一个触点代表了一个布尔型变量的状态，每一个线圈代表了一个实际设备的状态。之前编程都是采用的梯形图。

4.1.1　梯形图的结构

梯形图采用的图形元素有：节、电力轨线、连接元素、触点、线圈、函数和功能块等。

1. 节

节是梯形图网络结构中最小单位，从输入条件开始，到一个线圈的有关逻辑的网络称为一个节。在 CODESYS 编辑器中，节垂直排列，每个节通过左侧的一系列节号表示，包含输入指令和输出指令，由逻辑式、算术表达式、程序、跳转、返回或功能块调用指令所构成。

2. 电力轨线

梯形图采用网络结构，一个梯形图的网络以电力轨线（又称为母线）为界。在分析梯形图的逻辑关系时，可以想象左右两侧电力轨线（左母线和右母线）之间有一个左正右负的直流电源电压，母线之间有"能流"从左向右流动。右母线不显示，如图 4.1.1 所示。

3. 连接元素

梯形图的各种图形符号用连接元素连接。连接元素的图形符号用水平线和垂直线表示，用以表达元素状态的传送，如图 4.1.1 所示。

4. 触点

触点用于表示布尔变量状态的变化。触点是向其右侧水平连接元素传递一个状态的梯形图元素，该状态是触点左侧水平连接元素状态与相关变量和直接地址状态进行布尔与运算的结果，如图 4.1.1 所示。

5. 线圈

线圈用于表示布尔变量状态的变化。线圈是将其左侧水平连接元素状态毫无改变地传递到其右侧水平连接元素的梯形图元素，如图 4.1.1 所示。

6. 函数和功能块

梯形图编程语言支持函数、方法和功能块调用。它们用一个矩形框来表示，函数可以有多个输入参数和一个返回参数；功能块可以有多个输入和输出参数，如图 4.1.1 所示。

4.1.2　梯形图程序的执行

梯形图程序的执行过程可以总结为从左到右、从上到下的执行方式。

梯形图程序采用网格结构，一个梯形图程序的网络以左电源轨线和右电源轨线为界。梯形图执行时，从第一节开始执行，从左到右确定个图形元素的状态，并确定其右侧连接元素的状态，逐个向右执行，操作执行的结果由执行控制元素输出，直到右侧电力轨线。LD 的组成元素及程序执行方式如图 4.1.1 所示。

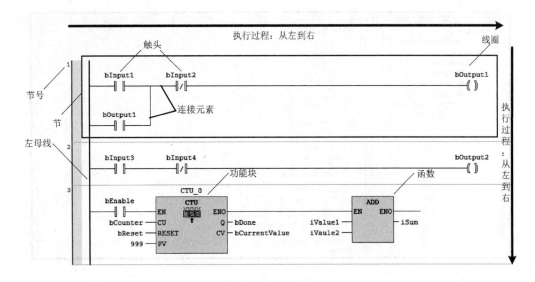

图 4.1.1 梯形图的组成元素及程序执行方式

4.1.3 LD 的应用案例

【任务名称】 梯形图的应用。

【任务描述】 试编写 PLC 程序，实现以下功能：①按下启动按钮 bStart，系统启动，Lamp1 亮 5s，然后 Lamp2 亮 5s，最后 Lamp3 亮 5s。此时一个周期结束，循环 3 个周期，系统停机；②系统在运行的过程中，按下停止按钮 bStop，系统做完当前周期后停机；在自然停止状态下，按启动按钮 bStart，系统可以启动；③系统在运行的过程中，按下急停按钮 bEm，系统立刻停机，并回到急停状态；此时按启动按钮 bStart，系统无法启动；④按下急停按钮 bEm 后，按下复位按钮 bReset，系统恢复到待机状态；此时按启动按钮 bStart，系统才能启动。

【任务实施】

1. 任务实施流程

任务实施流程，如图 4.1.2 所示。

2. 创建工程

（1）设备：CODESYS Control Win V3。

（2）编程语言：梯形逻辑图（LD）。

3. 编写 PLC 程序

首先开始变量定义，进行如图 4.1.3 所示的变量定义。

接着编写程序。程序分为 5 部分进行编写：①急停；

图 4.1.2 任务实施流程

②复位；③停止；④初始化（启动）；⑤周期循环。急停程序的执行过程：当停止按钮 bEm 为 True 时，将置位急停状态 bEmFlag 和待机状态 bRelay0，复位灯 1、2、3 的状态 bRelay1、bRelay2、bRelay3，急停程序的编写如图 4.1.4 所示。

复位程序的执行过程：当停止按钮 bReset 为 True 时，将复位急停状态 bEmFlag，复位程序的编写如图 4.1.5 所示。

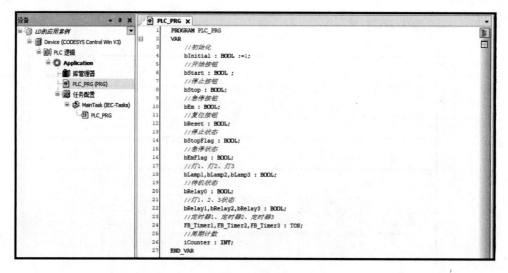

图 4.1.3 变量定义

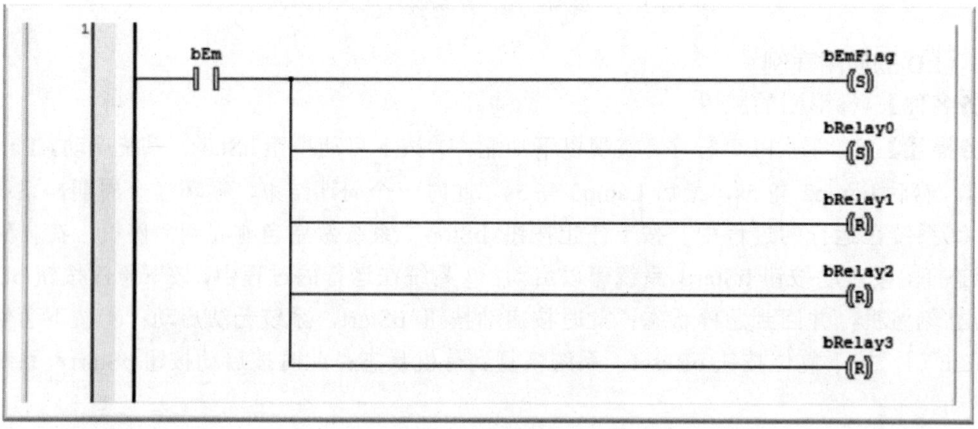

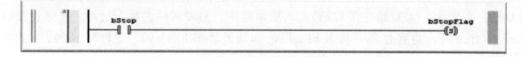

图 4.1.4 急停程序的编写

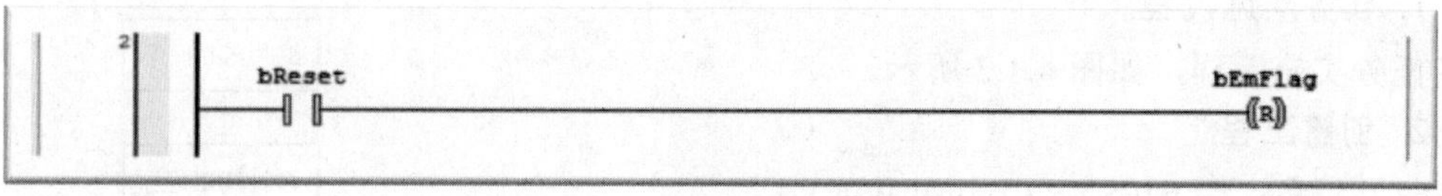

图 4.1.5 复位程序的编写

停止程序的执行过程：当停止按钮 bStop 为 True 时，将置位急停状态 bStopFlag，停止程序的编写如图 4.1.6 所示。

图 4.1.6 停止程序的编写

初始化程序的执行过程：当开始系统上电时，bInitial 产生一个上升沿，使系统处于待机状态 bRelay0。在待机状态下 iCounter 初始化为 0，停止状态 bStopFlag 复位。在待机状态按下启动按钮 bStart，将使灯状态 bRelay1 置位，待机状态 bRelay0 复位。急停状态 bStopFlag，初始化程序的编写如图 4.1.7 所示。

图 4.1.7 初始化程序的编写

周期循环程序的执行过程：当灯状态 bRelay1 为 True 时，灯 1 亮，并且用一个定时器定时 5s，5s 后将灯状态 bRelay1 复位，置位灯状态 bRelay2。灯状态 bRelay2 重复灯状态 bRelay1 的过程。当灯状态 bRelay3 为 True 和停止状态 bStopFlag 为 Flase 时，会执行周期循环，循环 1 次，iCounter 就加 1。当 iCounter 为 3 时，置位待机状态 bRelay0，复位灯状态 bRelay3，循环停止。当 iCounter 小于 3 时，置位待机状态 bRelay1，复位灯状态 bRelay3，进入下一次循环。当灯状态 bRelay3 为 True 和在停止状态 bStopFlag 为 True 时，置位 bRelay0，复位 bRelay3。周期循环程序的编写如图 4.1.8 所示。

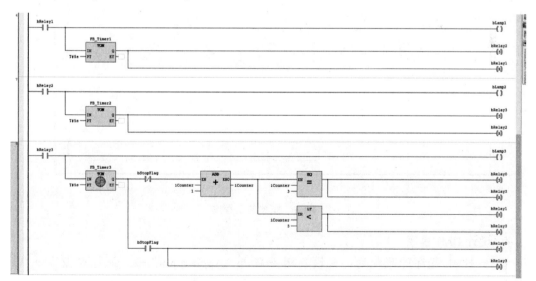

图 4.1.8 周期循环程序的编写

完整的主程序如图 4.1.9 所示。

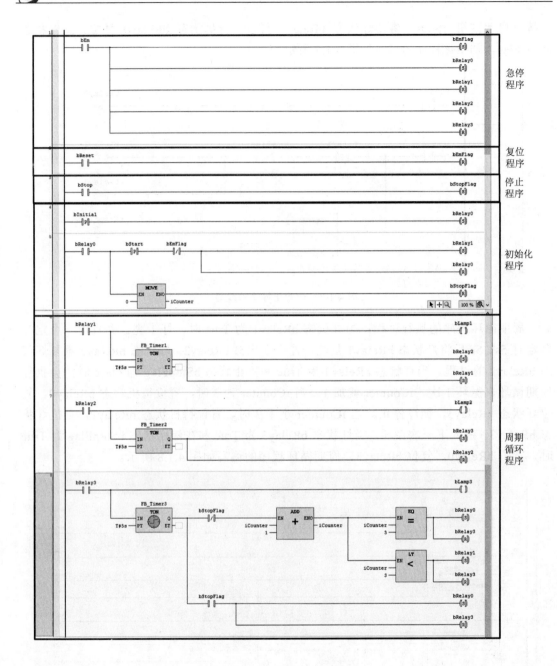

图 4.1.9 完整的主程序

4. 设计 HMI 程序

设计 HMI 程序的流程为：在设备树下右击"Application"→"添加对象"→"视图…"→双击打开视图界面→组态页面。为了实现上述 PLC 程序的功能，HMI 程序需要 4 个按钮：启动按钮 bStart、停止按钮 bStop、急停按钮 bEm、复位按钮 bReset 和 3 个灯 bLamp1、bLamp2、bLamp3，以及 1 个文本区域来显示周期计数。HMI 程序的设计流程如图 4.1.10 所示。

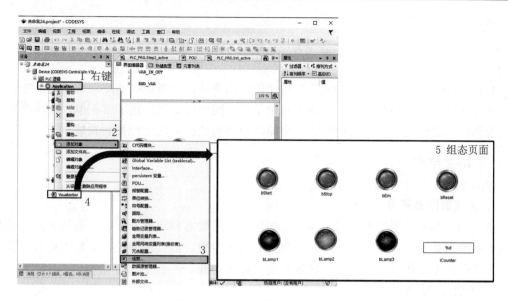

图 4.1.10　HMI 程序的设计流程

5. 验证程序

在程序编译无误后，运行程序并对程序的功能进行验证，看程序是否满足所要求的功能。程序运行时对照程序运行状态的变化，看是否出现错误，如果出现错误要对程序进行修正和改进，验证程序如图 4.1.11 所示。

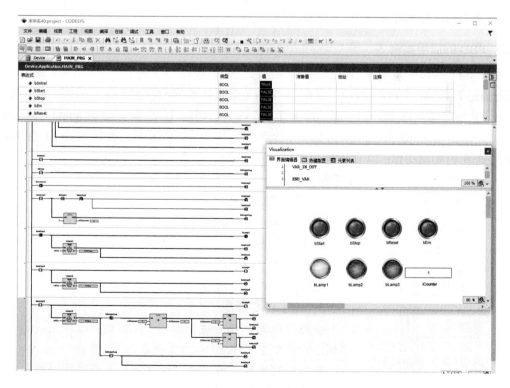

图 4.1.11　验证程序

4.2 功 能 块 图

功能块图用来描述函数、功能块和程序的行为特征，还可以在顺序功能流程图中描述步、动作和转变的行为特征。功能块图与电子线路图中的信号流图非常相似，在程序中，它可看作两个过程元素之间的信息流。功能块图普遍地应用在过程控制领域。

4.2.1 FBD 的结构

FBD 的基本图形元素有函数和功能块等。

1. 函数的图形符号

函数的图形符号用矩形块来表示，矩形框内有函数名和函数参数。函数与外部连接是将函数参数用外部实参带入实现的，函数没有输出参数，但有返回值。函数的输入参数相同时，其返回值是相同的，因此，函数不具有记忆功能。

2. 功能块的图形符号

功能块的图形符号用矩形块来表示，矩形框内有实例名、功能块名和功能参数。与函数不同的是功能块具有记忆功能。当输入参数相同时，其输出结果也可能不一样。

4.2.2 FBD 程序的执行

FBD 程序将控制要求分解为各自独立的函数、方法和功能块，并用连元素和连接将它们连接起来，实现所需控制功能。其程序的执行过程与 LD 程序的执行过程一致，为从左到右、从上到下的执行方式。

4.2.3 FBD 的应用案例

【任务名称】 功能块图的应用。

【任务描述】 试编写 PLC 程序，实现 3 个信号灯依次点亮的控制功能：①按下启动按钮 bStart，系统启动，1s 后，bLamp1 指示灯点亮，其后每隔 1s 分别点亮 bLamp2、bLamp3 指示灯；②当 bLamp3 指示灯点亮 1s 后，全部指示灯熄灭。再过 1s，点亮 bLamp1 指示灯，开始一个新的周期动作；③按下停止按钮按钮 bStop，所有指示灯同时熄灭。

【任务实施】

图 4.2.1 任务实施流程

1. 任务实施流程

任务实施流程，如图 4.2.1 所示。

2. 创建工程

（1）设备：CODESYS Control Win V3。

（2）编程语言：功能块图。

3. 编写 PLC 程序

主程序分为 3 部分进行编写：①启动；②停止；③周期循环。完整的主程序如图 4.2.2 所示。

程序编写好后，可以通过调试的写入值功能对程序功能进行验证，也可以添加一个视图对程序进行验证，读者根据选择自行验证。

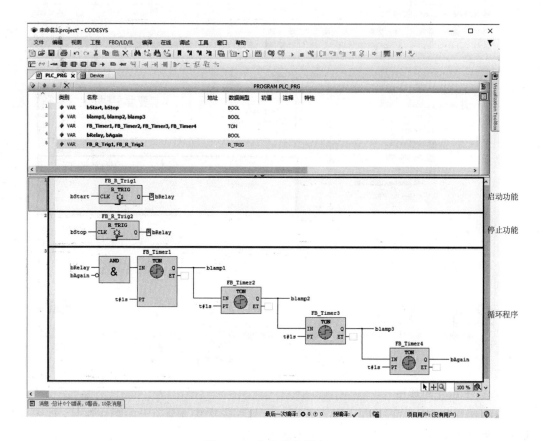

图 4.2.2 完整的主程序

4.3 结 构 化 文 本

结构化文本编程语言是一种高级语言，类似于 Pascal，是一种特别为工业控制应用而开发的一种语言，也是在 CODESYS 中最常用的一种语言，对于熟悉计算机高级语言开发的人员来说，结构化文本语言更是易学易用，它可以实现选择、迭代、跳转语句等功能。此外，结构化文本语言还易读易理解，特别是当用有实际意义的标识符、批注来注释时，更是这样。在复杂控制系统中，结构化文本可以大大减少其代码量，使复杂系统问题变得简单，程序移植方便。

4.3.1 结构化文本的结构

结构化文本是一种高级的文本语言，可以用来描述功能，功能块和程序的行为，还可以在顺序功能流程图中描述步、动作和转变的行为。

1. 结构化文本程序视图

结构化文本程序视图如图 4.3.1 所示，首先在变量声明区声明布尔型变量 bFan 和 bHeater，然后在程序编辑区将 True 赋值给 bFan，将 Flase 赋值给 bHeater。

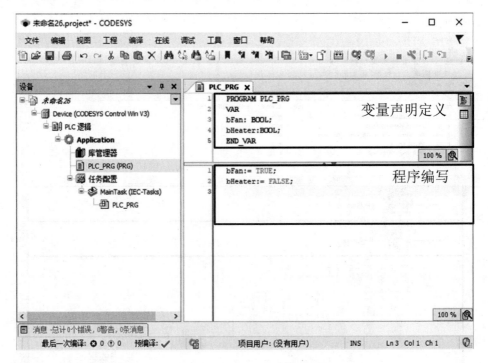

图 4.3.1　结构化文本程序视图

2. 程序运行的顺序

使用结构化文本的程序执行顺序根据"行号"依次从上至下开始顺序执行，如图 4.3.2 所示，每个周期开始，先执行行号较小的程序行。

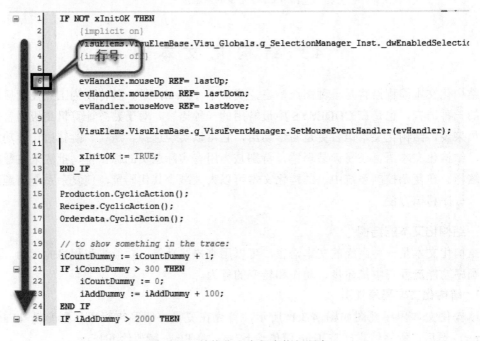

图 4.3.2　结构化文本程序执行顺序

3. 表达式执行顺序

表达式中包括操作符和操作数,操作数按照操作符指定的规则进行运算,得到结果并返回。操作数可以为变量、常量、寄存器地址、函数等。操作符优先级见表 4.3.1。

表 4.3.1 操 作 符 优 先 级

操 作 符	符 号	优 先 级
小括号	( )	最高
函数调用	Function name（Parameter list）	高
求幂	EXPT	
取反	NOT	
乘法	*	
除法	/	
取模	MOD	
加法	+	
减法	−	
比较	<, >, <=, >=	
等于	=	
不等于	<>	
逻辑与	AND	
逻辑异或	XOR	低
逻辑或	OR	最低

4.3.2 结构化文本的指令

结构化文本语句表主要有五种类型,即赋值语句、函数及功能块控制语句、选择语句、循环语句、跳转语句。

1. 赋值语句

赋值语句是结构化文本中最常用的语句之一,作用是将其右侧表达式产生的值赋给左侧的操作数(变量或地址),使用":="表示。具体格式如下:

```
<变量> := <表达式>; //如：bVar1:= bVar2;
```

2. 函数及功能块控制语句

函数及功能块控制语句用于调用函数和功能块。

(1)函数调用。函数调用后直接将返回值作为表达式的值赋值给变量。其语句格式如下:

```
变量 := 函数名（参数表）; //如：rVar1:=SIN（rData1）;
```

(2)功能块调用。功能块调用采用将功能块名进行实例化实现调用,如 Timer 为 TON

功能块的实例名，具体格式如下：

```
功能块实例名：（功能块参数）; //如：Timer（IN:=bStart，PT:=T#5S, Q=>bOutput);
```

3. 选择语句

选择语句是根据规定的条件选择表达式来确定执行它所组成的语句。从大类上可分为 IF 和 CASE 两类。

（1）IF 语句。IF 语句实现单分支选择结构。

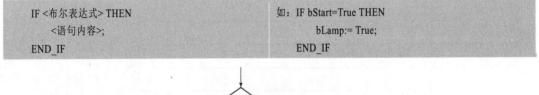

```
IF <布尔表达式> THEN                    如：IF bStart=True THEN
    <语句内容>;                               bLamp:= True;
END_IF                                    END_IF
```

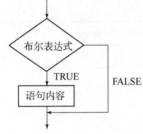

（2）IF…ELSE 语句。用 IF…ELS 语句实现双分支选择机构。

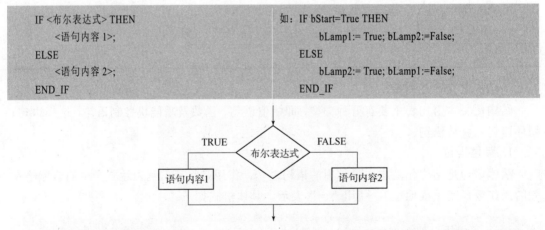

```
IF <布尔表达式> THEN                    如：IF bStart=True THEN
    <语句内容 1>;                             bLamp1:= True; bLamp2:=False;
ELSE                                      ELSE
    <语句内容 2>;                             bLamp2:= True; bLamp1:=False;
END_IF                                    END_IF
```

当程序的条件判断式不止一个时，此时，需要再一个嵌套的 IF…ELSE 语句，即多分支选择结构，基本格式如下：

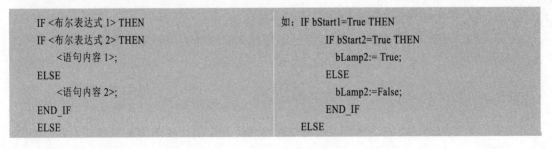

```
IF <布尔表达式 1> THEN                  如：IF bStart1=True THEN
IF <布尔表达式 2> THEN                       IF bStart2=True THEN
    <语句内容 1>;                                 bLamp2:= True;
ELSE                                          ELSE
    <语句内容 2>;                                 bLamp2:=False;
END_IF                                        END_IF
ELSE                                      ELSE
```

<语句内容 3>; END_IF	bLamp1:= True; END_IF

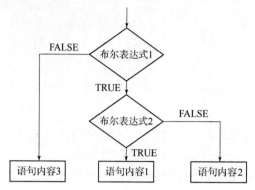

（3）IF..ELSIF..ELSE 语句。用 IF..ELSIF..ELSE 语句实现多分支选择结构。

IF <布尔表达式 1> THEN
    <语句内容 1>;
ELSIF <布尔表达式 2> THEN
    <语句内容 2>;
ELSIF <布尔表达式 3> THEN
    <语句内容 3>;
ELSE
    <语句内容 n>;
END_IF
	如：IF bStart1=1 THEN
	    bLamp1:=1;
	ELSIF bStart2=1 THEN
	    bLamp2:=1;
	ELSIF bStart3=1 THEN
	    bLamp3:=1;
	ELSE
	    bLamp1:=0;bLamp2:=0;bLamp3:=0;
	END_IF

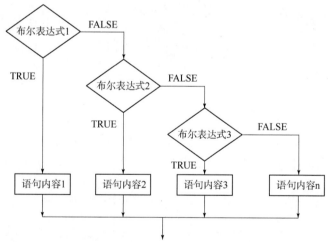

（4）CASE 语句。CASE 语句是多分支选择语句，它根据表达式的值来使程序从多个分支中选择一个用于执行的分支。

CASE <条件变量> OF <数值 1>: <语句内容 1>;	如：CASE iWeekDay OF 1: course:='English';

<数值 2>: <语句内容 2>; <数值 3, 数值 4, 数值 5>: <语句内容 3>; ... <数值 n>: <语句内容 n>; ELSE 　　<ELSE 语句内容>; 　　END_CASE	2, 3: course:='Chinese'; 4: 　course:=' Mathematics'; 5: 　course:=' Nature'; ELSE 　　course:=' None'; END_CASE

4. 循环语句

循环语句主要用于重复执行的程序，在 CODESYS 中，常见的循环语句有 FOR，REPEAT 及 WHILE 语句，下面对这种语句做详细解释。

（1）FOR 循环。FOR 循环语句用于计算一个初始化序列，当某个条件为 TRUE 时，重复执行嵌套语句并计算一个循环表达式序列，如果为 FALSE，则终止循环，具体格式如下：

FOR <变量> := <初始值> TO <目标值> {BY <步长>} DO
<语句内容>
END_FOR
	如：iSum:=0;
	iNum:=0;
	FOR iNum:= 0 TO 10 BY 1 DO
	　iSum:= iSum+ iNum;
	END_FOR

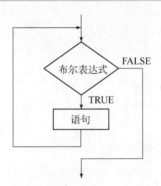

（2）WHILE 循环。WHILE 循环与 FOR 循环使用方法类似。二者的不同之处是，WHILE 循环的结束条件可以是任意的逻辑表达式。WHILE 是先判断，后执行。

WHILE <布尔表达式>　DO
<语句内容>;
END_WHILE;
	如：WHILE iNum<10 DO
	iNum:= iNum+1;
	iSum:= iSum+ iNum;
	END_WHILE;

（3）REPEAT 循环。REPEAT 循环与 WHILE 循环不同，因为只有在指令执行以后，REPEAT 循环才检查结束条件。即先执行，后判断。

REPEAT	如：iSum:=0;

`<语句内容>`
`UNTIL`
`<布尔表达式>`
`END_REPEAT;`
	`iNum:=0;`
	`REPEAT`
	`    iNum:= iNum+1;`
	`    iSum:= iSum+ iNum;`
	`UNTIL`
	`    INum>=10`
	`END_REPEAT;`

5. 跳转语句

（1）EXIT 语句。如果 FOR、WHILE 和 REPEAT 三种循环中使用了 EXIT 指令，那么无论结束条件如何，内循环立即停止，具体格式如下：

`EXIT;`	如：`iSum:=0;`
	`FOR iNum:= 0 TO 10 BY 1 DO`
	`iSum:= iSum+ iNum;`
	`IF iNum=6 THEN`
	`    EXIT;`
	`END_IF`
	`END_FOR //6 以上的不加`

（2）CONTINUE 语句。CONTINUE 指令可以在 FOR、WHILE 和 REPEAT 三种循环中使用，用于忽略位于它后面的代码而直接开始一次新的循环。当多个循环嵌套时，CONTINUE 语句只能使直接包含它的循环语句开始一次新的循环，具体格式如下：

`CONTINUE;`	如：`iSum:=0;`
	`FOR iNum:= 0 TO 3 BY 1 DO`
	`IF iNum=2 THEN`
	`    CONTINUE;`
	`END_IF`
	`iSum:= iSum+ iNum;`
	`END_FOR //不加 2`

（3）JMP 语句。跳转语句，跳转指令可以用于无条件跳转到使用跳转好标记的代码行，具体格式如下：

`<标识符>:`
`.`
`JMP <标识符>;`
	`Label1:nCounter:=0;`
	`Label2:nCounter:=nCounter+1;`
	`IF nCounter<10 THEN`
	`JMP Label2;`
	`ELSE`
	`JMP Label1;`
	`END_IF`

<标识符>可以是任意的标识符，它被放置在程序行的开始。JMP 指令后面为跳转目的地，即一个预先定义的标识符。 当执行到 JMP 指令时，将跳转到标识符所对应的程序行。

（4）RETURN 指令。RETURN 指令是返回指令，用于退出程序组织单元（POU），具体格式如下：

RETURN;	IF bSwitch=True THEN
	RETURN;
	END_IF;
	nCounter:= nCounter +1;

（5）空语句。即什么内容都不执行。具体格式如下：

| RETURN; |

4.3.3 结构化文本的应用案例

1. 案例 1

【任务名称】 结构化文本的应用。

【任务描述】 有一个窑炉，内共有 32 个点需要测量温度值，分别将这 32 个点的最大值，最小值及平均值计算出来。

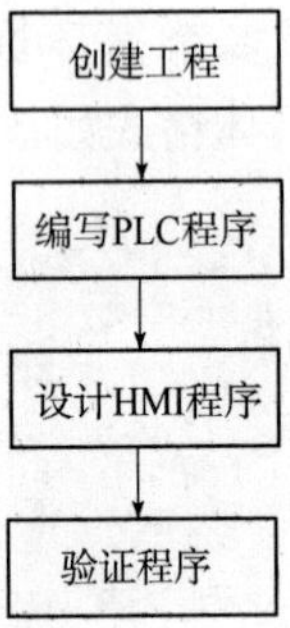

【任务实施】

（1）任务实施流程，如图 4.3.3 所示。

（2）创建工程。①设备：CODESYS Control Win V3；②编程语言：结构化文本。

（3）编写 PLC 程序。

首先，定义变量 rMaxValue 用来存储最大值，数据类型 REAL；变量 rMinValue 用来存储最小值，数据类型 REAL；变量 rSumValue 存储总和，数据类型 LREAL；变量 rAvgValue 用来存储平均值，数据类型 LREAL；变量 arryInputBuffer 用来存储输入源数据，数据类型 REAL 数组，数组下标从 1 到 32；变量 i 用作 for 的变量，数据类型为整型；循环案例 1 的变量定义如图 4.3.4 中 2 所示。

图 4.3.3 任务实施流程

接着编写程序，先将 0 赋值给 rSumValue，再用一个 for 循环将 REAL 数组 arryInputBuffer 中的元素依次读出并相加到变量 rSumValue。在 for 循环中，如果 arryInputBuffer[i]大于最大值 rMaxValue，就将 arryInputBuffer[i]赋值给 rMaxValue；如果 arryInputBuffer[i]小于最小值 rMaxValue，就将 arryInputBuffer[i]赋值给 rMinValue，结束 for 循环。将总和值 rSumValue 处于 32 后赋值给 rAvgValue，完整的 PLC 程序如图 4.3.4 中 3 所示。

程序编写好后，可以通过调试的写入值功能对程序功能进行验证，也可以添加一个视图对程序进行验证，读者根据选择自行验证。

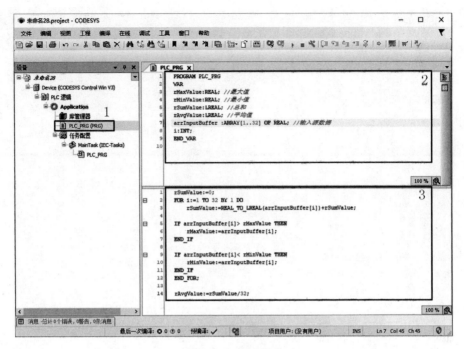

图 4.3.4 编写程序

2. 案例 2

【任务名称】 结构化文本的编程应用。

【任务描述】 试编写 PLC 程序，实现以下功能：①按下启动按钮，系统启动，灯 1 亮 5s，然后灯 2 亮 5s，最后灯 3 亮 5s，此时 1 个周期结束，循环 3 个周期，系统停机；②系统在运行过程中，按下停止按钮，系统做完当前周期后停机，在自然停止状态下，按启动按钮，系统可以启动；③系统在运行过程中，按下急停按钮，系统立刻停机，并回到急停状态，此时按启动按钮，系统无法启动；④按下急停按钮后，按下复位按钮，系统恢复到待机状态；此时按启动按钮，系统才能启动。

【任务实施】

（1）任务实施流程，如图 4.3.5 所示。

（2）创建工程。①设备：CODESYS Control Win V3；②编程语言：结构化文本。

（3）编写 PLC 程序。编写的 ST 程序如下：

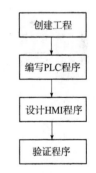

图 4.3.5 任务实施流程

```
PROGRAM PLC_PRG
VAR
        计数器:INT;
        灯1，灯2，灯3: bool;
        状态: int := 0;
        启动按钮，停止按钮，急停按钮，复位按钮: BOOL;
```

```
        定时器 1，定时器 2，定时器 3: ton;
        急停标志位，停止标志位: BOOL;
END_VAR

IF 停止按钮=1 THEN
        停止标志位:=1;
END_IF

IF 急停按钮=1 THEN
        急停标志位:=1;
        状态:=0;
END_IF

IF 复位按钮=1 THEN
        急停标志位:=0;
END_IF

CASE 状态 OF
    0:
            IF 启动按钮=1 AND 急停标志位=0 THEN
                    状态:=1;
            END_IF
            灯 1:=0;
            灯 2:=0;
            灯 3:=0;
            计数器:=0;
            停止标志位:=0;
            定时器 1（IN:=0）；
            定时器 2（IN:=0）；
            定时器 3（IN:=0）；
    1:
            灯 1:=1;
            灯 2:=0;
            灯 3:=0;
            定时器 1（IN:=（状态=1），PT:=T#5S）；
            IF 定时器 1.Q=1 THEN
                    状态:=2;
                    定时器 1（IN:=0）；
            END_IF
    2:
            灯 2:=1;
            灯 1:=0;
            灯 3:=0;
            定时器 2（IN:=（状态=2），PT:=T#5S）；
            IF 定时器 2.Q=1 THEN
                    状态:=3;
```

```
        定时器 2（IN:=0）;
        END_IF
3:
        灯 3:=1;
        灯 1:=0;
        灯 2:=0;
        定时器 3（IN:=（状态=3），PT:=T#5S）;
        IF 定时器 3.Q=1 THEN
                IF 停止标志位=1 THEN
                        状态:=0;
                        定时器 3（IN:=0）;
                ELSE
                        计数器:=计数器+1;
                        IF 计数器<3 THEN
                                状态:=1;
                                定时器 3（IN:=0）;
                        ELSE
                                状态:=0;
                                定时器 3（IN:=0）;
                        END_IF
                END_IF
        END_IF
END_CASE
```

程序编写好后，可以通过调试的写入值功能对程序功能进行验证，也可以添加一个视图对程序进行验证，读者根据选择自行验证。

4.4　顺　序　功　能　图

顺序功能图（SFC）语言是为了满足顺序逻辑控制而设计的编程语言。编程时将顺序流程动作的过程分成步和转换条件，根据转移条件对控制系统的功能流程顺序进行分配，一步一步地按照顺序动作。每一步代表一个控制功能任务，用方框表示。在方框内含有用于完成相应控制功能任务的梯形图逻辑。这种编程语言使程序结构清晰，易于阅读及维护，可以大大减少编程的工作量，缩短编程和调试时间。用于系统的规模较大，程序关系较复杂的场合。

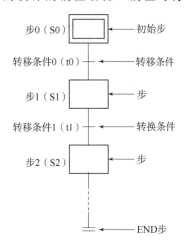

图 4.4.1　SFC 基本流程

4.4.1　SFC 的结构

在 SFC 程序中，从初始步开始，当转移条件成立时按顺序执行转移条件的下一个步，通过 END 步结束一系列的动作。SFC 基本流程，如图 4.4.1 所示。

4.4.2 SFC 程序的执行

SFC 的基本元素包含步、转换条件、有向线段，任何一个复杂的或简单的 SFC 结构都是以这些基本元素构成的，如图 4.4.2 所示，动作是实现执行的逻辑代码，一般每一步都会有一个或多个动作，如果没有动作，则该步则处于等待状态，当转换条件被满足，即可实现步的跳转。

1. 步

步表示整个程序中的某个主要功能。步属于 SFC 的状态，当转换条件成立，则这个步就被激活，对应的动作将被执行。

步分为初始步和普通步。初始步是表示各个块的开始的步，为双矩形框；初始步之外的步称为普通步，如图 4.4.3 所示。

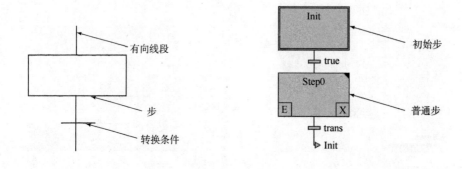

图 4.4.2 SFC 基本元素   图 4.4.3 初始步和普通步

步的添加可以直接在右侧的工具箱中选择"步"，并拖曳到 SFC 程序中，如图 4.4.4 所示。

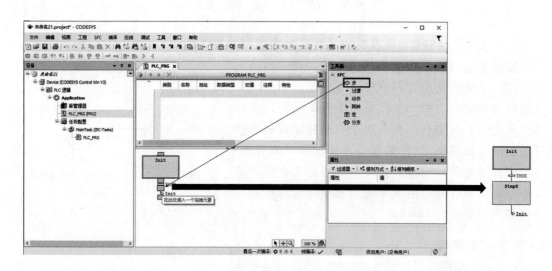

图 4.4.4 SFC 步的添加

动作是步具体要执行的操作，确定好步和对其动作的组态是非常重要的，动作可以使用梯形图、FBD、ST、SFC 等语言编写。如图 4.4.5 所示，用户可以对入口和出口动作、步活动动作以及步关联动作进行编写。其中入口及出口动作在步激活时只执行一次，如同梯形图中上升沿、下降沿的程序一样；活动动作和关联动作则在步激活。

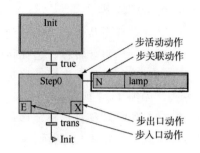

图 4.4.5　SFC 各种动作

步动作的添加与步的添加类似，例如步入口动作的添加可以直接在右侧的工具箱中选择"动作"，并拖曳到 SFC 程序中步进入行为处，如图 4.4.6 所示。

当使用限定符 L、D、SD、DS 或 SL 时，需要一个时间值，格式为 TIME 的类型，见表 4.4.1。

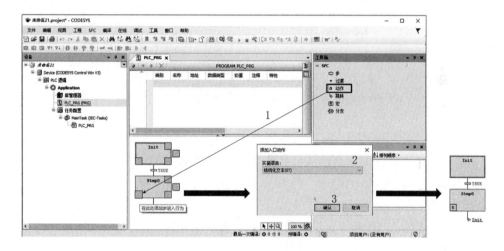

图 4.4.6　SFC 步入口动作的使用

表 4.4.1　　　　　　　　　　　　　　　步 动 作 限 定 符

限定符	名　称	说　明
N	Non-stored	步被激活，动作也同时激活；步跳转，动作失效
S	Set（Stored）	步被激活，动作也保持激活；步跳转，动作保持
R	Overriding Reset	步被激活，动作保持失效
L	Time Limited	步被激活，动作激活；步跳转或时间到，动作失效
D	Time Delayed	步被激活，开始计时，计时时间到，动作激活
P	Pulse	步被激活，执行动作一个扫描周期
SD	Stored and Delayed	步被激活，开始计时，时间到，动作保持（即使步跳转了，计时依然继续，时间到动作保持）
DS	Delayed and Stored	步被激活，开始计时，时间到，动作保持；计时不到步发生跳转，计时失效，不产生动作
SL	Stored and time Limited	步被激活，动作保持；时间到，动作失效（即使步跳转了，计时依然继续）

2. 转移条件

转移条件是从上一步跳转到下一步的条件，当它为 True 时，将发生步的跳转。

转移分为串行转移、选择转移和并行转移。

（1）串行转移。串行转移是指通过转移条件成立转移至串行连接的下一步执行处理的方式，如图 4.4.7 所示。

（2）选择转移。选择转移是指在并行连接的多个步中，仅执行最先成立的转移条件的步的方式，如图 4.4.8 所示。

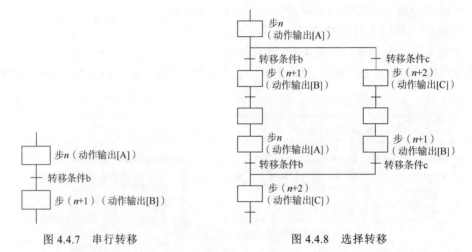

图 4.4.7　串行转移　　　　　　　　　　　图 4.4.8　选择转移

（3）并行转移。并行转移是指通过转移条件成立同时执行并行连接的多个步的方式，如图 4.4.9 所示。

3. 有向线段

有向线段是连接上一步和下一步的竖直线，它表示步与步之间的连接关系和跳转方向。

4.4.3　SFC 的应用案例

【任务名称】 顺序流程功能图的应用

【任务描述】 试编写 PLC 程序，实现以下功能：①按下启动按钮 bStart，系统启动，Lamp1 亮 5s，然后 Lamp2 亮 5s，最后 Lamp3 亮 5s，此时 1 个周期结束，循环 3 个周期，系统停机；②系统在运行的过程中，按下停止按钮 bStop，系统做完当前周期后停机，在自然停止状态下，按启动按钮 bStart，系统可以启动；③系统在运行的过程中，按下急停按钮 bEm，系统立刻停机，并回到急停状态，此时按启动按钮 bStart，系统无法启动；④按下急停按钮 bEm 后，按下复位按钮 bReset，系统恢复到待机状态，此时按启动按钮 bStart，系统才能启动。

【任务实施】

1. 任务实施流程

任务实施流程，如图 4.4.10 所示。

2. 创建工程

（1）设备：CODESYS Control Win V3。

（2）编程语言：顺序功能图（SFC）。

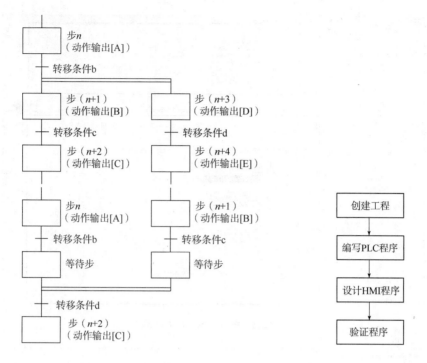

图 4.4.9 并行转移

图 4.4.10 任务实施流程

3. 编写 PLC 程序

定义全局变量，如图 4.4.11 所示。

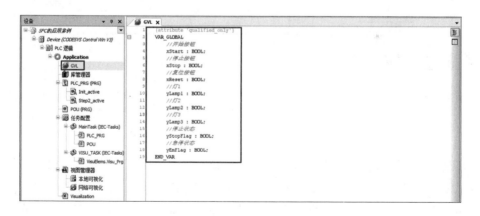

图 4.4.11 定义全局变量

编写 SFC 循环主程序如图 4.4.12 所示。编写 SFC 循环主程序时，要特别注意，使用限定符 L、D、SD、DS 或 SL 时，需要一个时间值，格式为 TIME 的类型。初始步 Init 和步 Step2 要添加活动步，编程语言选择梯形逻辑图（LD），如图 4.4.12 中 3 所示，步激活后，要计时 5s 后动作激活，需要写入 D T#5s。

编写初始化程序也就是初始步活动动作程序的编写，如图 4.4.13 所示。

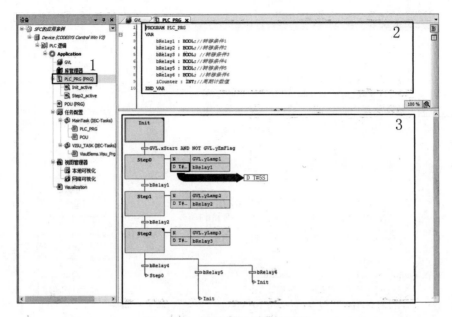

图 4.4.12　编写 SFC 循环主程序

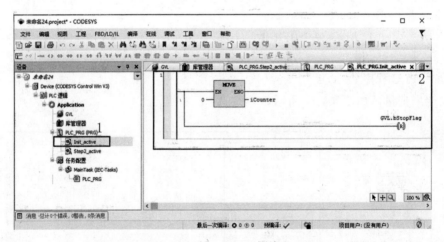

图 4.4.13　初始化程序

编写循环运行次数程序也就是普通步 2 活动动作程序的编写，如图 4.4.14 所示。

编写停止按钮功能程序。在自动化生产线中，停止按钮按下去后，往往先做完当前的运行周期，再停机。该停止按钮的动作要求在整个运行过程中都要被采集到，它常常放在 SFC 的外面，本案例新建了一个 POU 程序来控制停止状态 GVL.bStopFlag，如图 4.4.15 所示。其中要特别注意的是，在添加 POU 程序后，要在任务配置中的 MainTask 添加对它的调用，不然停止状态的程序将不会执行。

为了编写急停和复位功能程序，需要使用 SFC 的一些隐形变量。SFC 的隐形变量用于监视和控制 SFC 执行，不一样的隐形变量，其作用也不同。默认时这些变量是不显示出来，若需要用到这些变量，则需要对 SFC 属性进行设置。如图 4.4.16 所示，当 SFCReset 被激活后，如果在程序运行时让变量 SFCReset 为 True，则系统跳回到初始步，并执行初始步动作。

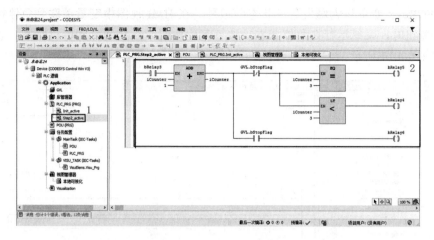

图 4.4.14　循环运行次数程序

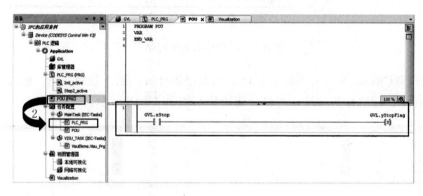

图 4.4.15　停止状态程序

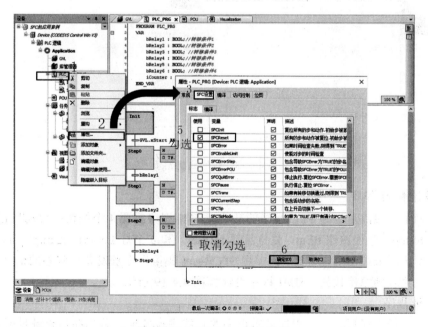

图 4.4.16　SFCReset 属性设置

将 SFCReset 变量作为触发急停状态的信号，在 HMI 视图中变量关联到急停按钮。当按下急停按钮时，系统运行在急停状态，按下复位按钮，系统回复到待机状态。急停和复位程序如图 4.4.17 所示。

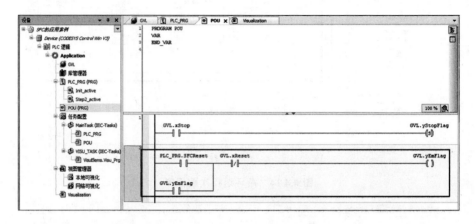

图 4.4.17　急停和复位程序

设置好 SFCReset 后，对其进行验证。在程序执行时，按下急停按钮，触发 SFCResst 为 True，程序执行跳回初始步，并执行初始步，如图 4.4.18 所示。

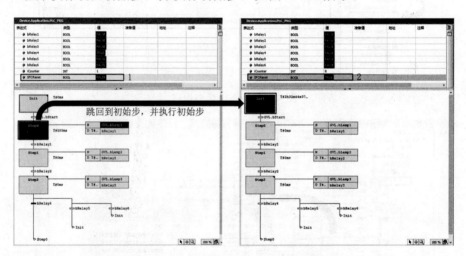

图 4.4.18　跳回到初始步

4. 设计 HMI 程序

例如为了实现满足上述 PLC 程序的功能，HMI 程序需要 4 个按钮：启动按钮 bStart、停止按钮 bStop、急停按钮 bEm、复位按钮 bReset，和 3 个灯 Lamp1、Lamp2、Lamp3，以及 1 个文本区域来显示周期计数，其中将 SFCReset 变量作为触发急停状态的信号，在 HMI 视图中变量关联到急停按钮。HMI 程序设计如图 4.4.19 所示。

5. 验证程序

在程序编译无误后，运行程序并对程序的功能进行验证，看程序是否满足所设计的功能。程序运行时对照程序运行状态的变化，看是否出现错误，如果出现错误要对程序进行修正和改进，验证程序的过程如图 4.4.20 所示。

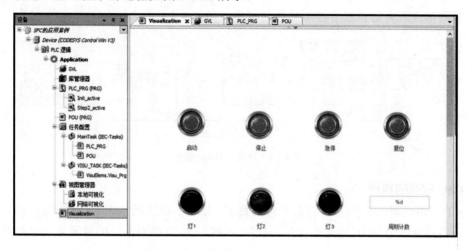

图 4.4.19　HMI 程序设计

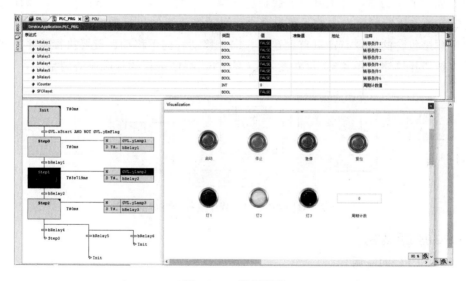

图 4.4.20　验证程序

4.5　连　续　功　能　图

连续功能图（CFC）实际上是 FBD 的另一种形式。在整个程序中，可以自定义运算块的顺序，易于实现流程运算，它用于描述资源的顶层结构以及程序和功能块对任务的分配。

连续功能流程图和功能块图之间的主要区别是资源和任务分配的不同。每一功能用任务的名称来描述。如果一个程序内的功能块像它的父程序一样在相同的任务下执行，任务关联是隐含的。CFC 示意图如图 4.5.1 所示。

4.5.1 CFC 的结构

CFC 的元素包指针、输入、输出、跳转、标签、返回和注释等，通过对它们进行连接组合，从而形成具有运算或者控制功能的程序，如图 4.5.1 所示。

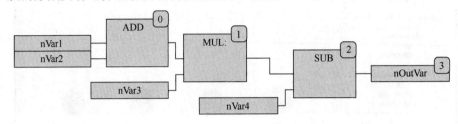

图 4.5.1 CFC 程序示意图

4.5.2 CFC 程序的执行

在 CFC 语言里运算块元素的右上角的数字，显示了在线模式下 CFC 中元素的执行顺序。执行流程从编号为 0 的元素开始，在每个 PLC 运算周期内，0 号元素令总是第一个被执行。当手动移动该元素时，它的编号仍保持不变。当添加一个新元素时，系统自动按照拓扑序列（从左到右，从上到下）会自动获得一个编号，如图 4.5.2 所示。操作在菜单"CFC"下的"执行顺序"中的子菜单命令可以改变元素的执行顺序。

执行顺序包含的命令有：置首、置尾、向上移动、向下移动、设置执行顺序、按数据流排序、按拓扑排序，图 4.5.2 可对图 4.5.1 的 CFC 程序进行执行顺序的调整。

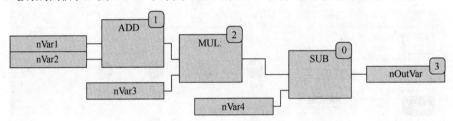

图 4.5.2 对图 4.5.1 CFC 程序进行调整后的程序

4.5.3 CFC 的应用案例

【任务名称】 CFC 的应用。

【任务描述】 试编写 PLC 程序，实现以下功能：有 2 个输入选择信号用来选择对应不同模拟量分辨率以配合不同的传感器类型，当输入信号 1 为 ON 时，对应 1024；当输入信号 2 为 ON 时，对应 4096。两个信号之间有互锁。

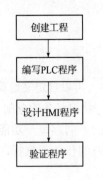

图 4.5.3 任务实施流程

【任务实施】

1. 任务实施流程

任务实施流程，如图 4.5.3 所示。

2. 创建工程

（1）设备：CODESYS Control Win V3。

（2）编程语言：连续功能图。

3. 编写 PLC 程序

CFC 应用案例主程序如图 4.5.4 所示，其中注意在顺序 0 上 AND 指令的 bInput2 为取反，在顺序 4 上 AND 指令的 bInput1 为取反。

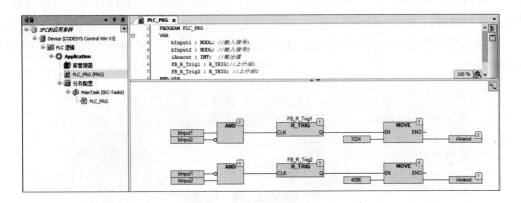

图 4.5.4　CFC 应用案例主程序

程序编写好后，可以通过调试的写入值功能对程序功能进行验证，也可以添加一个视图对程序进行验证，读者根据选择自行验证。

4.6　句法颜色和注释

4.6.1　句法颜色

所有编辑器中不同的文本带有不同的颜色，有助于快速的发现错误。

例如，注释没有被括上，从字体颜色上就会立即得到提示，如图 4.6.1 所示。

蓝色：关键字。

绿色：编辑器中的注释。

金色：特殊的常数（例如 True/False、T#3s、%IX0.0）。

红色：输入错误（例如无效时间常数、小写的关键字）。

黑色：变量、常数、标点符号。

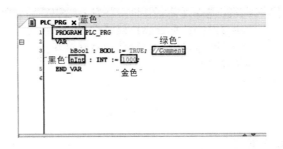

图 4.6.1　句法颜色

4.6.2　注释

通常在程序中在我们认为逻辑性较强的地方需要加入注释，以说明这段程序的逻辑是怎样的，方便我们自己以后理解以及其他人的理解，合理的添加注释可以增加代码的可读性，在所有的文本编辑器、声明编辑器、语句表、结构化文本语言和在自定义数据类型中都允许使用注释。

注释的字体及颜色可以在"工具"→"选项"中自行定义，如图 4.6.2 所示，但一般不建议修改。

图 4.6.2　注释的字体及颜色修改

1. ST 中的注释

在结构化文本中分有单行注释"//"和多行注释"（*注释内容*）"两种（不包含括弧）。单行注释如图 4.6.3 所示，多行注释如图 4.6.4 所示。

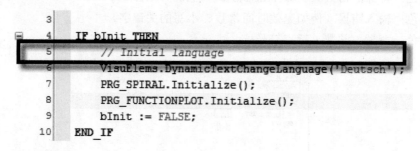

图 4.6.3　单行注释

2. FBD、LD 和 IL 中的注释

在"工具"→"选项"→"FBD、LD 和 IL 编辑器"选项中选择常规可以对 FBD、LD 和 IL 编程语言的注释试图进行设置，如图 4.6.5 所示。

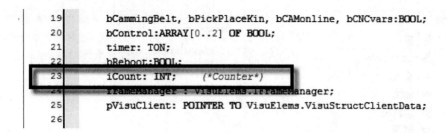

图 4.6.4 多行注释

图 4.6.5 打开 FBD、LD 和 IL 注释

将"显示节注释"选项勾选后，既可在对应的编程语言中插入/显示节注释，如图 4.6.6 为使用 FBD 编程语言，在网络节中添加注释的截图。

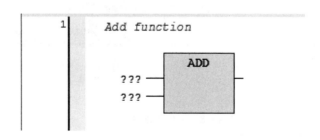

图 4.6.6 FBD 中的注释显示

3. CFC 中的注释

CFC 中可随意放置注释，可在"工具箱"→"选择"中添加"注释"，如图 4.6.7（a）所示。图 4.6.7（b）为在 CFC 编程语言中显示的结果。

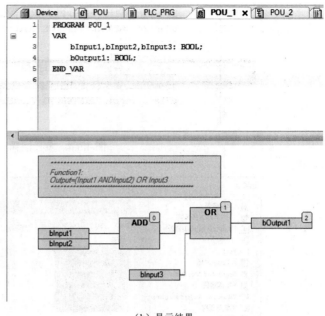

（a）添加"注释"   （b）显示结果

图 4.6.7 CFC 注释

4. SFC 中的注释

在 SFC 编程语言中，能在编辑步属性对话中输入关于步的注释，如图 4.6.8 所示。

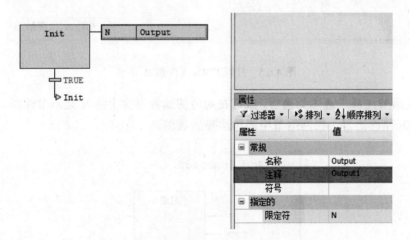

图 4.6.8 SFC 中注释的显示

第 5 章

CODESYS 编程指令

5.1 基本指令应用

5.1.1 置位与复位指令

【任务名称】 置位和复位指令的应用。

【任务描述】 按下 Start 按钮，Light1、Light2 指示灯保持点亮；按下 Stopt 按钮，Light1、Light2 指示灯熄灭。

【任务实施】

1. 任务实施流程

任务实施流程，如图 5.1.1 所示。

2. 创建工程

（1）设备：CODESYS Control Win V3。

（2）编程语言：梯形逻辑图（LD）。

3. 编写 PLC 程序

程序编写需要先对变量进行命名和定义，再进行程序编写。图 5.1.2 是置位复位示例程序。

图 5.1.1　任务实施流程

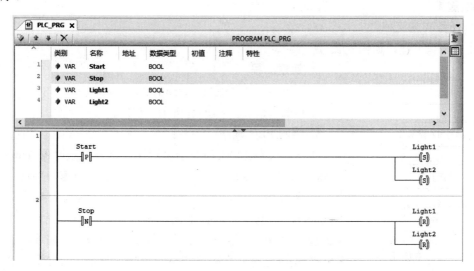

图 5.1.2　置位复位示例程序

触头的常开触头、常闭触头、上升沿、下降沿和线圈的普通线圈、置位线圈、复位线圈的快速切换方式为选中对应的触头，按下键盘相应的按键实现快速切换。触头和线圈快速切换见表 5.1.1。

表 5.1.1　　　　　　　　　　　　　　触头和线圈快速切换

触　头		线　圈	
常开触头	Space	普通线圈	Space
常闭触头	−	置位线圈	S
上升沿	P	复位线圈	R
下降沿	N	−	−

有时候为了提高编程和调试效率，常常用到表 5.1.2 中的快捷键。

表 5.1.2　　　　　　　　　　　　　常 用 快 捷 键

编译	F11	添加线圈	Ctrl+A
下载	Alt+F8	添加触头	Ctrl+K
帮助文档	F1	向下并联触头	Ctrl+R
运行程序	F5	撤销	Ctrl+Z
写入值	Ctrl+ F7	恢复	Ctrl+Y

5.1.2　定时器指令

【任务名称】　定时器指令的应用。

【任务描述】　按下 Start 按钮，Green 指示灯亮 5s 后熄灭。

【任务实施】

1. 任务实施流程

任务实施流程，如图 5.1.3 所示。

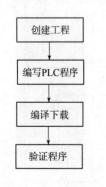

图 5.1.3　任务实施流程

2. 创建工程

（1）设备：CODESYS Control Win V3。

（2）编程语言：梯形逻辑图（LD）。

3. 编写 PLC 程序

图 5.1.4 是定时器指令示例程序，其中用定时器 Timer1 对灯 Relay1 进行复位控制。定时器位于工具箱窗口中的"功能块"指令集中，用户可以将其拖曳到程序编写窗口，并输入"Timer1"功能块名，按下回车按键后，自动在变量命名区生成变量名"Timer1"，其数据类型为"TON"。需要注意的是它以"t#+定时时间"的方式进行预置值设定，同时要对"ET"管脚的"？？？"进行赋值变量或者进行删除方能通过编译。

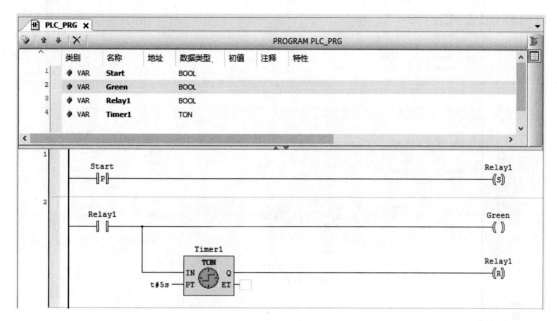

图 5.1.4　定时器指令示例程序

5.1.3　计数器指令

【任务名称】　计数器指令的应用。

【任务描述】　①按下 Start 按钮，Green 指示灯 5s 后熄灭，再过 5s 点亮，循环；②指示灯循环亮灭 5 次后，不再动作。

【任务实施】

　　1. 任务实施流程

　　任务实施流程，如图 5.1.5 所示。

　　2. 创建工程

（1）设备：CODESYS Control Win V3。

（2）编程语言：梯形逻辑图（LD）。

图 5.1.5　任务实施流程

　　3. 编写 PLC 程序

图 5.1.6 是计数器指令示例程序，其中用计数器 Counter1 对灯的亮灭循环次数进行控制。计数器位于工具箱窗口中的"功能块"指令集中，用户可以将其拖曳到程序编写窗口，并输入"Counter1"功能块名，按下回车按键后，自动在变量命名区生成变量名"Counter1"，其数据类型为"CTU"。预置值直接输入即可，若不需要对计数器进行复位，可将"RESET"管脚的触头删除。

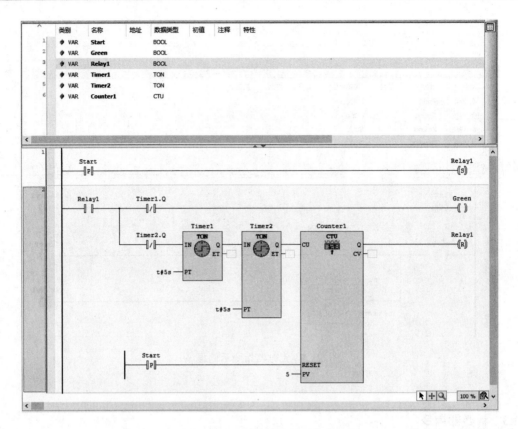

图 5.1.6 计数器指令示例程序

5.2 功能指令应用

5.2.1 布尔操作指令

【任务名称】 与、或、非、异或操作指令的应用。

【任务描述】 按下 Calculate 按钮，程序计算 $\overline{H1234 \cdot (HABCD + H1A1A)} \oplus H9898$（H 代表 16 进制）的运算值，并将结果存放在 Result 的变量存储器中。

【任务实施】

图 5.2.1 任务实施流程

1. **任务实施流程**

任务实施流程，如图 5.2.1 所示。

2. **创建工程**

（1）设备：CODESYS Control Win V3。

（2）编程语言：梯形逻辑图（LD）。

3. **编写 PLC 程序**

布尔操作指令位于工具箱窗口中的"布尔操作符"指令集中，用户可以将与、或、异或指令拖曳到程序编写窗口，而"非"运算指令，其位于梯形图编程的工具条中，如图 5.2.2 所示。

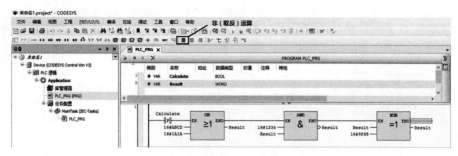

图 5.2.2　取反指令位于工具条

图 5.2.3 是布尔操作指令示例程序，其中 OR 是或指令，AND 是与指令，XOR 是异或指令。其中与指令（AND）后面还有一个空心圆是对与指令的结果进行取反。

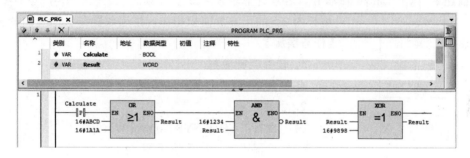

图 5.2.3　布尔操作指令示例程序

4. 验证程序

软件默认的显示模式为 10 进制显示模式，在本案例中，进行了 16 进制模式的切换。显示模式的切换操作如图 5.2.4 所示。对于浮点数不支持显示模式切换。

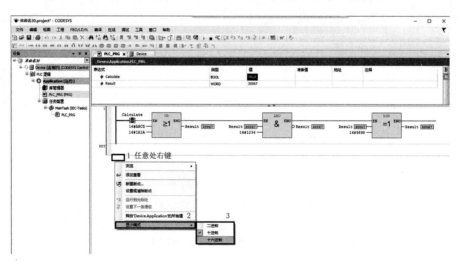

图 5.2.4　显示模式的切换操作

按下 Calculate 按钮后，程序开始计算，并把 16 进制运算 $\overline{H1234 \cdot (HABCD + H1A1A)} \oplus H9898$ 的运算结果 16#7573 输出到 Result 中，如图 5.2.5 所示。

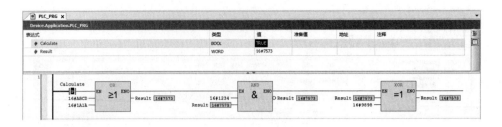

图 5.2.5 验证程序

5.2.2 数学运算指令

【任务名称】 数学运算指令的应用。

【任务描述】 按下 Calculate 按钮，程序计算半径为 5 与 2 圆面积之差的 1/4，然后将其与边长为 2.5 的正方形面积相加，结果放置在 Result 的变量中。

图 5.2.6 任务实施流程

【任务实施】

1. 任务实施流程

任务实施流程，如图 5.2.6 所示。

2. 创建工程

（1）设备：CODESYS Control Win V3。

（2）编程语言：梯形逻辑图（LD）。

3. 编写 PLC 程序

图 5.2.7 是数学运算指令示例程序，其中 MUL 是乘法指令，SUB 是减法指令，DIV 是除法指令，ADD 是加法指令。

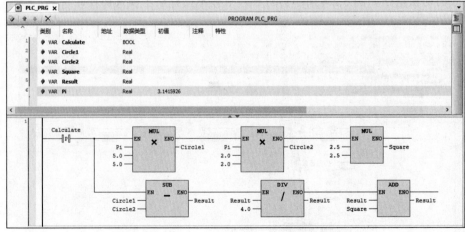

图 5.2.7 数学运算指令示例程序

数学运算指令位于工具箱窗口中的"数学运算符"指令集中，用户可以将加、减、乘、除指令拖曳到程序编写窗口，每个指令的管脚可以自行增加和删减，如图 5.2.8 和图 5.2.9 所示。

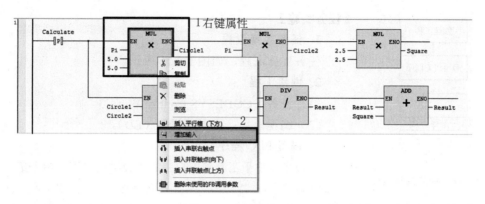

图 5.2.8　增加一个管脚

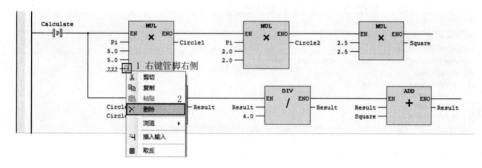

图 5.2.9　删减管脚

4. 验证程序

按下 Calculate 按钮，程序计算半径为 5 与 2 圆面积之差的 1/4，然后将其与边长为 2.5 的正方形面积相加，并把运算结果 22.7 输出到 Result 变量中，如图 5.2.10 所示。

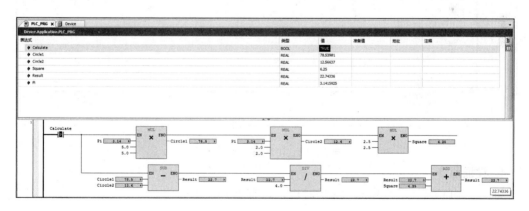

图 5.2.10　验证程序

5.2.3　比较指令

【任务名称】　比较指令的应用。

【任务描述】　①当 Num<10 的时候，Light1 输出；②当 10≤Num≤20 的时候，Light2 输出；③当 20≤Num 的时候，Light3 输出；④当 Num≠15 的时候，Light4 输出。

图 5.2.11 任务实施流程

【任务实施】

1. 任务实施流程

任务实施流程，如图 5.2.11 所示。

2. 创建工程

（1）设备：CODESYS Control Win V3。

（2）编程语言：梯形逻辑图（LD）。

3. 编写 PLC 程序

比较指令位于工具箱窗口中的"数学运算符"指令集中，用户可以将=、≠、>、≥、<、≤等指令拖曳到程序编写窗口。

图 5.2.12 是比较指令示例程序，其中 LT 是小于指令，GE 是大于等于指令， LE 是小于等于指令，GT 是大于指令，NE 是不等于指令。

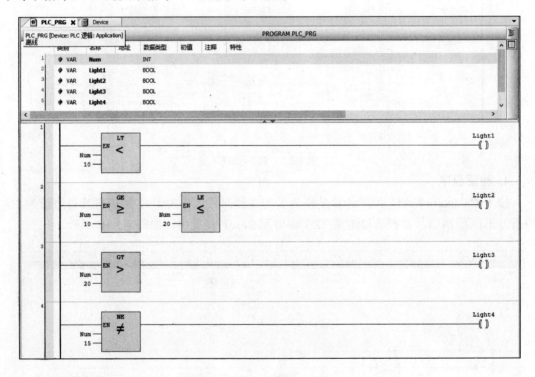

图 5.2.12 比较指令示例程序

4. 验证程序

如图 5.2.13 所示，当 Num=15 的时候，只有 Light2 有输出。

5.2.4 其他指令

【任务名称】 其他指令的应用。

【任务描述】 ①SEL 指令的应用；②MUX 指令的应用；③LIMIT 指令的应用。

【任务实施】

1. 指令介绍

（1）二选一指令 SEL。通过选择开关，在两个输入数据中选择一个作为输出，选择开关为 0 时，输出为第一个输入数据，选择开关为 1 时，输出为第二个数据。

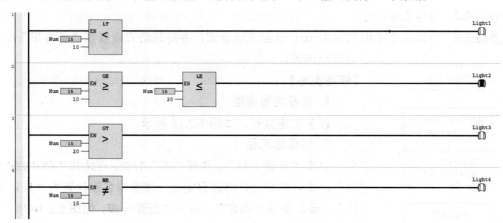

图 5.2.13　验证程序

（2）多选一指令 MUX。通过控制数在多个输入数据中选择一个作为输出，起始数据从 0 开始。

（3）限制输出指令 LIMIT。判断输入数据是否在最小值和最大值之间，若输入数据在两者之间，则直接把输入数据作为输出数据进行输出。若输入数据大于最大值，则把最大值作为输出值。若输入数据小于最小值，则把最小值作为输出值。

2. 示例程序

其他指令的示例程序，如图 5.2.14 所示，第一行的程序运用的是二选一指令 SEL，第二行的程序运用的是多选一指令 MUX，第三行的程序运用的是限制输出指令 LIMIT。

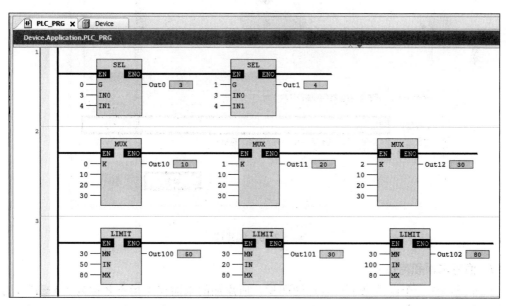

图 5.2.14　其他指令示例程序

5.2.5   自定义库指令

【任务名称】   自定义库指令。

【任务描述】   已知长方形面积为 $S=lw$，自定义该公式，并将该公式放置在"长方形"中，以方便调用。

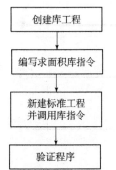

图 5.2.15   任务实施流程

【任务实施】

1. 任务实施流程

任务实施流程，如图 5.2.15 所示。

2. 创建库工程

单击"新建工程"，选择"库"分类，再选择"CODESYS 库"，库名称和文件路径自定义，这里库名称设置为"自定义库"，最后单击"确定"，库文件创建完成，如图 5.2.16 所示。

在菜单栏中找到"工程"→"工程信息...", 在弹出来的"工程信息"对话框中可以查看工程信息，如图 5.2.17 所示，本示例标题为"自定义库"，其将作为后面库文件导入后的库名称，缺省名称"TMP"将作为库指令前的命名控件。

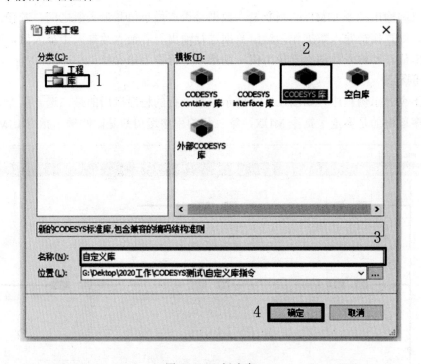

图 5.2.16   创建库

3. 编写求面积库指令

在库里添加一个函数来求长方形的面积。所添加的求面积库指令名称为"Area"，类型选择为"函数"，返回类型为"LREAL"，实现语言选择为"结构化文本（ST）"，如图 5.2.18 所示。

图 5.2.17　进行工程信息设置

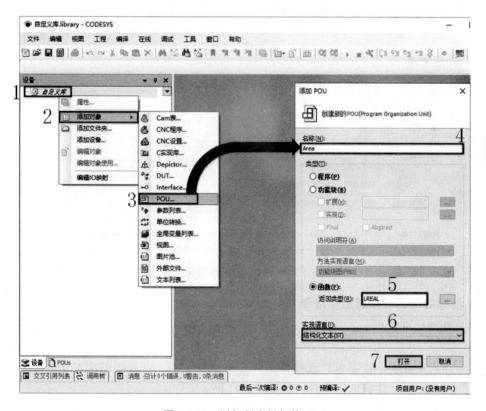

图 5.2.18　添加程序组织单元

在打开的功能块中编写以下程序，如图 5.2.19 所示。

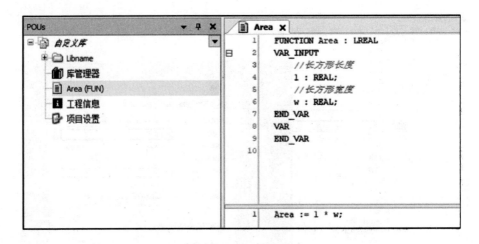

图 5.2.19 编写功能块程序

求面积库指令添加好后，将其导出以便调用。在菜单栏找到"文件"→"将工程保存为编译库…"，在弹出的"保存为编译库"对话框上选择库的保存路径，如图 5.2.20 所示。

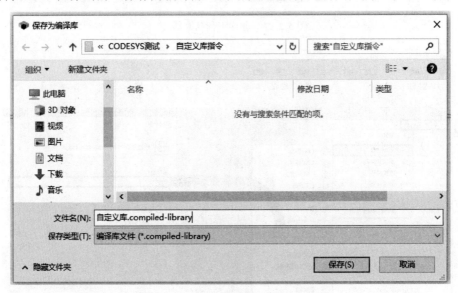

图 5.2.20 将工程保存为编译库

4. 新建标准工程并调用库指令

（1）新建标准工程。①设备：CODESYS Control Win V3；②编程语言：结构化文本（ST）。

（2）导入库文件。在菜单栏选择"工具"→"库…"，在弹出的库对话框单击"安装（I）…"，选择刚才建好的库文件，如图 5.2.21 所示。

当在"库"对话框的"全部公司"→"杂项"→"自定义库"→"3.5.14.20"可查看到库文件版本，证明库文件导入成功了。其中库文件版本当前版本显示为"3.5.14.20"，为新建库工程的 CODESYS 版本；"自定义库"为新建库工程的标题名称，现在作为库名称，如图 5.2.22 所示。

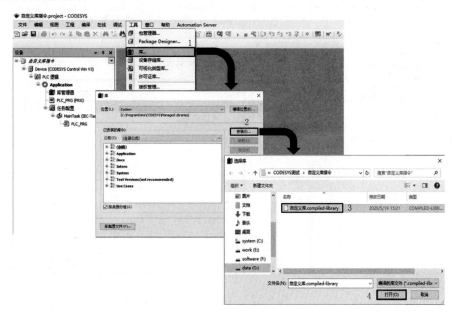

图 5.2.21　导入库文件

图 5.2.22　库文件导入成功

在设备树下选择"Application"→"库管理器"，在打开的"库管理器"窗口中，单击"添加库"。在"添加库"对话框中输入"自定义库"来查找库，如图 5.2.23 所示。

在导入"自定义库"文件后，可以查看其的管脚定义，如图 5.2.24 所示。

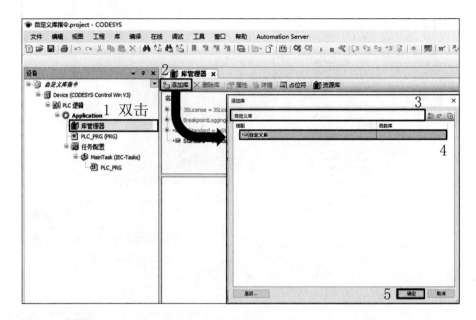

图 5.2.23　添加库文件

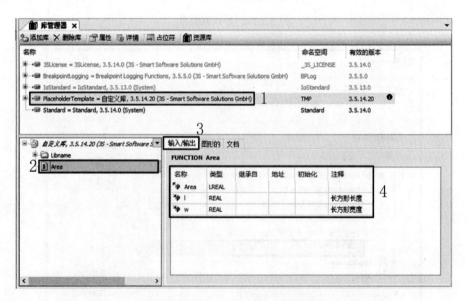

图 5.2.24　可查看库文件的管脚定义

（3）调用库文件。打开 PLC_PRG 程序界面，在工具箱拖曳一个"带有 EN/ENO 的功能块"到程序编辑区，输入程序指令名"TMP.Area"，如图 5.2.25 所示。其中"TMP."为库指令"Area"名称空间，在库的工程信息里面的缺省名称可以设置。

调用库功能块 TMP.POU 编写的程序，如图 5.2.26 所示。

5. 验证程序

编译无误后下载并运行程序。程序运行后，求面积库指令自动求出长方形长度 10 和长方形宽度 20 的长方形面积为 200，如图 5.2.27 所示。

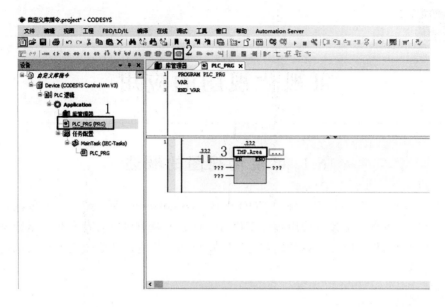

图 5.2.25 调用库求面积指令

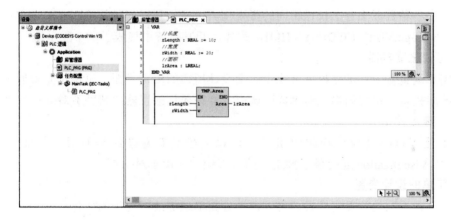

图 5.2.26 功能块 TMP.POU 的使用

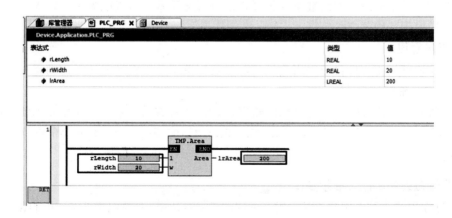

图 5.2.27 验证程序

第 6 章

可视化视图的应用

6.1 可视化视图的概述

在同一 CODESYS 项目中，使用 CODESYS Visualization 可为应用程序创建合适的用户界面。可以将可视化链接到应用程序变量，这样它们就可以设置动画和显示数据。创建可视化文件和应用程序时，可以使用常用功能，例如，作为库和源代码管理或在整个项目中查找、替换。

6.1.1 功能概述

1. 显示版本取决于目标平台

可以在各种目标平台上执行相同的可视化。可能的显示变量是 CODESYS WebVisu、CODESYS TargetVisu、CODESYS HMI。此外，开发系统中集成了一个显示器。

2. 可视化编辑器

在图形编辑器中，可以根据可视化元素设计所需的用户界面。可视化元素通过"工具箱"中的库提供。将它们拖到编辑器区域中，并在属性配置器的帮助下对其进行调整。

3. 参考可视化

可视化可以在其他可视化中引用。可以创建具有复杂结构的用户界面。为此，CODESYS Visualization 还提供了预定义的可视化，如用于对话框。

4. 简单的设计变更

通过创建不同的可视化样式，可以在一处简单地更改可视化的外观。

5. 多种语言

可以借助文本列表方便地准备几种语言的可视化文本。可以配置用户输入元素，以便在线模式切换到其他语言。

6. 用户管理

可以设置可视化文件自己的用户管理，以进行单个元素级别的访问控制。

7. 其他有用的功能

可视化的功能块实例，对可视化的数组访问，实时数据记录，可视化元素池的可扩展性，通过符号库提供图形对象，可视化中对 PLC 功能的调用，通过将其存储在库中来实现可视化的可重用性。

6.1.2 系统概述和机制、显示变体

CODESYS 中创建的用户界面可用于不同的显示变体中，具体取决于所使用的控制器支持的界面。与 CODESYS 开发系统中的可视化相关的概述见表 6.1.1，显示变体如图 6.1.1 所示。

表 6.1.1	与 CODESYS 开发系统中的可视化相关的概述
名词	概　述
可视化	设备树中或包含可视化图像的 POU 池中的应用程序下方的对象。可视化可以引用其他可视化
可视化编辑器和其他视图	在此符合 IEC 61131-3 的编辑器中，可以从可视化元素创建所需的图形用户界面、面板、对话框等。编辑器由以下组件组成： （1）图形编辑器区域，用于排列元素。 （2）界面编辑器，用于可视化的参数化。 （3）热键配置，用于定义在线操作键的编辑器。 （4）元素列表，使用的所有可视化元素的概述，编辑器在 Z 轴上的位置。 提供以下视图： （1）工具箱，用于提供可视化元素的视图。 （2）属性，使用编辑器查看当前在图形编辑器中具有焦点的元素的配置
可视化元素	可视化库中的即用型元素可在可视化编辑器的"工具"视图中找到，以进行插入
可视化配置文件	该配置文件定义了可用的可视化元素，包含可视化效果的每个项目都基于这样的配置文件（项目设置）
可视化样式	所选样式决定了元素的"外观"。它在可视化管理器的应用程序范围内设置，提供了即用型样式，也可以创建自己的样式
可视化经理	每个应用程序都有其自己的可视化管理器，用于其可视化，具有各种设置，例如用户管理、样式、语言、输入类型等。可视化管理器对象悬浮在应用程序下方的设备树中
显示变体	可以使用以下变体以在线模式显示可视化，这些变体在可视化管理器中作为对象创建：CODESYS TargetVisu（PLC 设备上的目标可视化和远程目标可视化）、CODESYS WebVisu（通过 Web 浏览器进行 Web 可视化）、CODESYS HMI（在没有 I / O 连接的设备上的 HMI 可视化）
可视化库	工具箱中提供的可视化元素的集合
符号库	可以在可视化中使用的图像和图形的集合。插入可视化对象时，可以选择是否在项目中可用已安装的系统库
可视化元素存储库	用于管理可视化配置文件和可视化元素库的存储库
可视化样式存储库	用于管理可视化样式的存储库
ALL_TASK	只要在可视化管理器下还插入了 WebVisu 或 TargetVisu 类型的显示变体的对象，该任务就会自动作为对象出现在应用程序的任务配置中

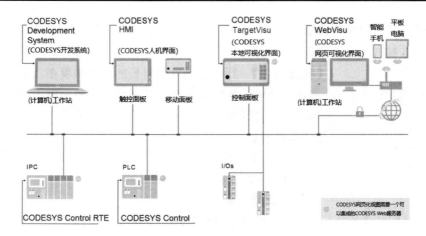

图 6.1.1　显示变体

显示变体：

集成在 CODESYS 开发系统中的可视化（"诊断可视化"）。开发系统中集成的可视化工具非常适合于应用程序测试，服务或诊断目的以及系统的调试。建立与控制器的连接后，可视化编辑器会切换并为显示的元素设置动画。该变体是免费的 CODESYS 开发系统的一部分，并且无论使用哪种控制器，都可以始终使用。

CODESYS WebVisu。这种变体意味着在标准浏览器（PC、平板电脑、智能手机）中基于 Web 的用户界面显示，从而可以通过 Internet 进行远程访问、远程监视、服务和诊断。标准的 Web 浏览器通过 Java Script（可选地使用 SSL 加密）与控制器中的 Web 服务器通信，并通过 HTML5 显示可视化。几乎所有浏览器都支持该技术，因此在具有 iOS 或 Android 的终端设备上也可以使用该技术。

CODESYS TargetVisu。该变体在带有集成显示器的控制系统上独立于平台运行。逻辑应用程序和用户界面在同一设备上运行；用户界面直接显示在控制器上。此变量适用于机器和设备的操作和监视。使用 CODESYS TargetVisu 需要运行时系统的可选扩展。

CODESYS HMI。此变体用于基于 PC 的可视化或在专用显示设备上显示。它允许通过同一用户界面访问多个控制器的过程数据。

用 CODESYS 创建的用户界面显示在分离的显示设备上。因此消除了控制器上的计算负担。通过数据源管理器与控制器进行通信。该变型非常适合机器和工厂的本地操作和监视，并允许在一个可视化文件中显示多个控制器的值。它们显示在一个或多个控制面板上，而没有控制功能和 I/O 激活。除了 Windows PC，还可以使用具有其他操作系统平台的控制操作系统。

在接下来的应用实例中，将介绍视图的数据量读写功能、视图的页面切换功能、视图的趋势图功能、视图的多国语言切换功能、视图的报警功能、视图的配方功能、视图的动画功能、视图的 ActiveX 控制功能以及视图的 Web 发布功能。

6.2　可视化视图应用实例

6.2.1　视图的数据量读写功能

【任务名称】　视图的数据量读写。

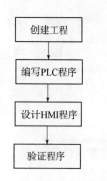

图 6.2.1　任务实施流程

【任务描述】　设计一个求圆周长的程序和视图，要求在视图中创建一个输入框和显示框，输入框用以输入圆的半径，显示框用以显示圆的周长。

【任务实施】

1. 任务实施流程

任务实施流程，如图 6.2.1 所示。

2. 创建工程

（1）设备：CODESYS Control Win V3。

（2）编程语言：梯形逻辑图（LD）。

3. 编写 PLC 程序

添加 3 个变量：①rArea，数据类型为 real；②rPi，数据类型为 real；③rRadius，数据类型为 real。接着在程序编辑区写入"rArea:=2*rRadius*rPi;"语句来进行圆周长的计算。圆周长计算程序，如图 6.2.2 所示。

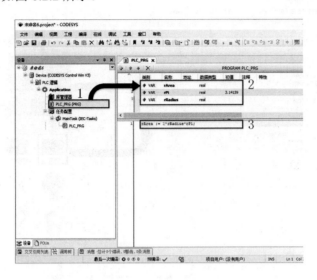

图 6.2.2　圆周长计算程序

4. 设计 HMI 程序

添加视图的步骤为：在设备树下右击 "Application"→"添加对象"→"视图..."，单击"打开"，视图添加完成，如图 6.2.3 所示。

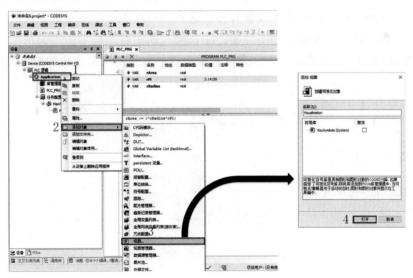

图 6.2.3　添加视图

添加矩形框用于输入数据和显示数据，需要对矩形框进行变量关联和数据格式显示。添加矩形框的步骤为：①双击"Visulalization"选项，进入视图编辑界面；②在软件右侧找到并单击"Visualization ToolBox"(工具箱);③单击"基本的"类别;④拖曳一个矩形框作为圆半径的输入框;⑤再拖曳一个矩形框作为圆周长的显示框。具体操作如图 6.2.4 所示。

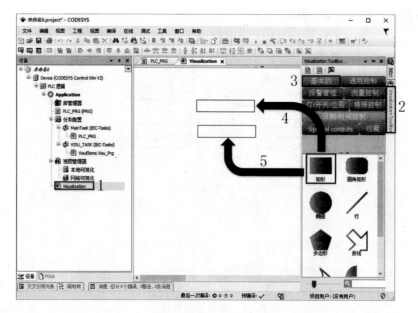

图 6.2.4　添加圆半径输入框和圆周长显示框

添加好矩形框后,需要对圆半径输入框跟圆半径 rRadius 进行变量关联。圆半径输入框跟圆半径变量 rRadius 关联的步骤为:①单击圆半径输入框;②在软件右侧找到并单击"属性",进入圆半径输入框属性设置界面;③找到"文本变量➜文本变量",双击右边出现"⊡"图标,单击进入输入助手界面;④在输入助手对话框单击"类别";⑤选择圆半径变量 rRadius;⑥单击"确定",完成变量关联。完整的关联步骤如图 6.2.5 所示。

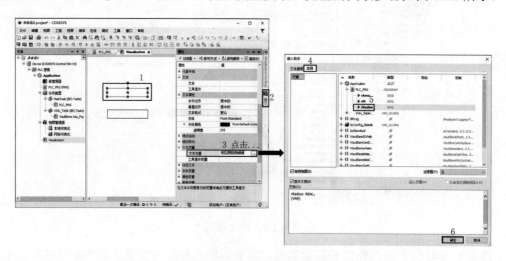

图 6.2.5　圆半径输入框跟圆半径变量 rRadius 关联

参照圆半径输入框跟圆半径变量 rRadius 关联，对圆周长显示框跟圆周长变量 rArea 进行关联，如图 6.2.6 所示。

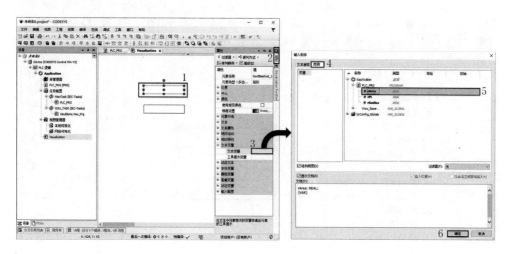

图 6.2.6 圆周长显示框跟圆周长变量 rArea 关联

为了实现圆半径输入框的输入功能，需要对圆半径输入框进行写变量设置。圆半径输入框写变量的设置步骤为：①单击圆半径输入框，再单击"属性"进入圆半径输入框的属性设置界面；②找到"输入配置→OnMouseDown"，单击旁边的配置，弹出"输入配置"对话框；③在"输入配置"对话框单击"写变量"；④单击"▷"图标来添加"写变量"输入；⑤单击输入类型下"▽"来选择输入类型；⑥输入类型选择"VisuDialogs.Numpad"；⑦单击"确定"保存设置；⑧写变量添加成功会在OnMouseDown 下多出一个"写变量"信息，说明写变量设置成功。圆半径输入框写变量设置的具体操作，如图 6.2.7 所示。

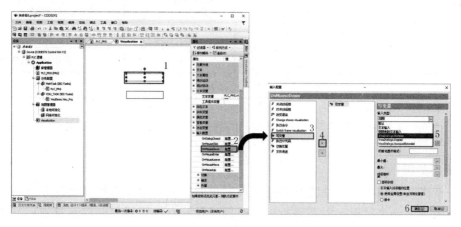

图 6.2.7 圆半径输入框设置 Numpad 写变量

为了能让圆半径输入框和圆周长显示框显示正常的实数值，需要单击矩形框文本输入%f，如图 6.2.8 所示。格式化输出命令见表 6.2.1。

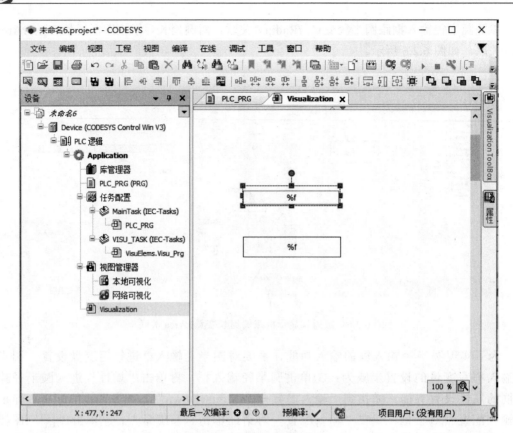

图 6.2.8　设置数据显示类型

表 6.2.1　　　　　　　　　　格式化输出命令

命　令	描　述	命　令	描　述
d	10 进制数	i	10 进制数
x	无符号 16 制数	o	8 进制数
c	单个字符	u	无符号 10 进制数
f	实数	s	字符串

注　格式化输出命令为采用小写字母。

　　对于实数的显示，可以对宽度和小数点后的位数进行设定，如%4.2f表示宽度为 4 位，小数点后为 2 位的实数；若不进行指定，则默认小数点后为 6 位。

5. 标签的制作

标签常用文字对各种组件进行功能或内容说明。为了对矩形框进行区分辨别，需要在矩形框前加上一个标签，对其进行标注。圆半径输入框和圆周长显示框的标签添加：①单击"通用控制"；②在"通用控制"界面上选择"标签"元素；③拖曳标签到圆半径输入框旁；④再次拖曳标签到圆周长显示框旁；⑤修改圆半径输入框旁的标签为"Radius"；⑥修改圆周长显示框旁的标签为"Area"，具体添加标签的操作如图 6.2.9 所示。

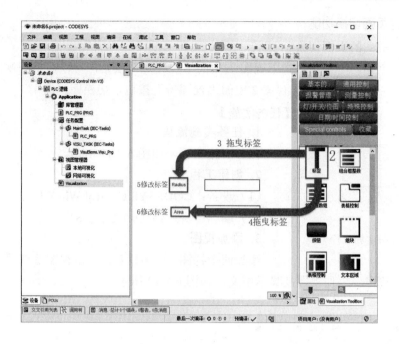

图 6.2.9 添加圆半径输入框和圆周长显示框的标签

6. 验证程序

下载程序后运行程序，进行程序的验证。

单击"Radius"矩形框，弹出 Numpad 输入对话框，在对话框中输入数字 2，并单击"OK"，则在"Radius"矩形框中显示 2.000000，"Area"矩形框中显示周长的计算结果为 12.566360，如图 6.2.10 所示。

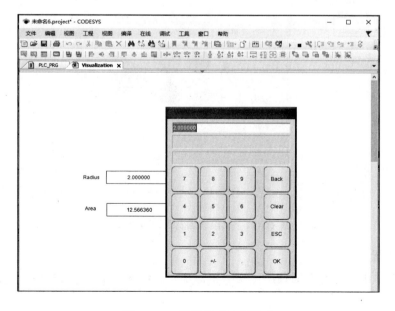

图 6.2.10 验证周长计算程序

6.2.2 视图的页面切换功能

【任务名称】 视图的页面切换。

【任务描述】 创建两个视图，按下视图 1 中的"视图二"按钮，可以切换到视图 2；按下视图 2 中的"视图一"按钮，切换回视图 1。

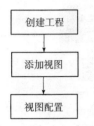

图 6.2.11 任务实施流程

【任务实施】

1. 任务实施流程

任务实施流程，如图 6.2.11 所示。

2. 创建工程

（1）设备：CODESYS Control Win V3。

（2）编程语言：结构化文本（ST）。

3. 添加视图

添加两个视图，命名默认；双击视图管理器，勾选"使用 Unicode 字符串"以便视图能显示中文，如图 6.2.12 所示。

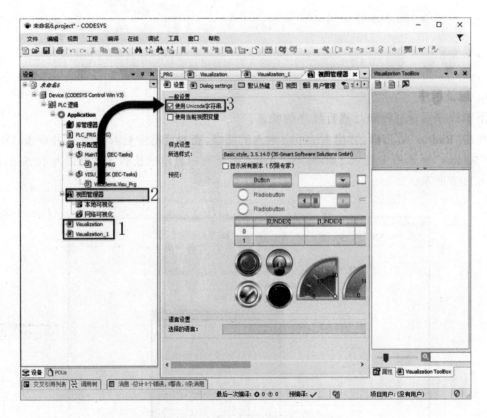

图 6.2.12 视图添加及管理器设置

4. 视图配置

首先对视图 1 进行界面配置，在视图 1 添加"视图 1"标签和"视图二"按钮，如图 6.2.13 所示。

为了实现单击"视图二"按钮视图 1 就切换到视图 2 的功能，需要对"视图二"按钮的输入配置进行设置。

　　首先进入"视图二"按钮的输入配置：单击"视图二"按钮，在其属性中找到"输入配置→OnMouseDown"，单击"OnMouseDown"旁边的配置，会弹出一个"输入配置"对话框。

　　接下来对"视图二"按钮的输入配置进行设置：①在左侧找到"Change shown visualization"并单击；②然后单击向右的箭头">"，把"Change shown visualization"添加到右侧；③单击刚生成的"Change shown visualization"；④单击赋值旁边的输入助手；⑤找到切换目标视图"visualization_1"

图 6.2.13　添加"视图1"标签和
"视图二"切换按钮

并单击添加；⑥单击"确定"保存设置。"视图二"按钮输入配置的设置如图 6.2.14 所示。

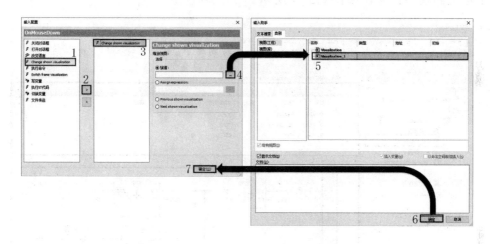

图 6.2.14　选择视图

图 6.2.15　视图二

　　参照视图 1 的配置，对视图 2 进行配置。配置好视图 2 的界面如图 6.2.15 所示，其中不要忘了"视图一"按钮的"输入配置"的设置，不然将无法实现从视图 2 切换到视图 1 的功能。

5. 验证程序

　　在视图 1 上按下视图二按钮，视图切换到视图 2；在视图 2 上按下视图一按钮，视图切换到视图 1。

6.2.3　视图的趋势图功能

【任务名称】　视图的趋势图。

【任务描述】

　　（1）程序运行后，每隔 1s，进行计数；当计数值大于 5 时，对计数值进行清零。

图 6.2.16　任务实施流程

（2）制作趋势图，按下启动，对计数值的趋势进行捕捉显示。

【任务实施】

1. 任务实施流程

任务实施流程，如图 6.2.16 所示。

2. 创建工程

（1）设备：CODESYS Control Win V3。

（2）编程语言：梯形逻辑图（LD）。

3. 编写 PLC 程序

在程序变量声明区声明布尔变量 bStart、TON 功能块 FB_Timer 和整型变量 iSUM，视图的趋势图的功能图变量定义和程序内容，如图 6.2.17 所示。

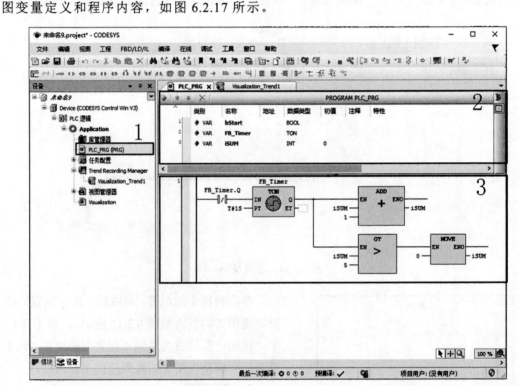

图 6.2.17　视图的趋势图示例程序

4. 添加趋势图

添加了视图后，才可以进行趋势图的添加。添加趋势图的步骤为：①双击视图，进入视图编辑界面；②单击软件右边的"视图工具箱"；③在视图工具箱下找到"特殊控制"类别；④在"特殊控制"类别下找到趋势图控件，将趋势图控件拖曳到视图编辑区。添加趋势图控件后，在设备树下将自动生成 Trend Recording Manager，在任务配置下也自动生成 TrendRecordingTask，添加趋势图的操作，如图 6.2.18 所示。

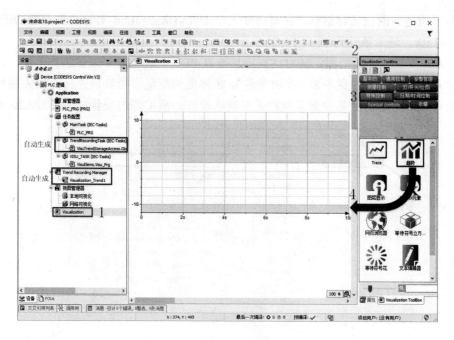

图 6.2.18 添加趋势图

5. 设置趋势图

（1）编辑趋势记录设置。单击选中趋势图，右键选择"编辑趋势记录"，可在弹出的趋势图记录窗口进行任务和记录的条件设置，并同时可对变量进行添加和设置。如图 6.2.19

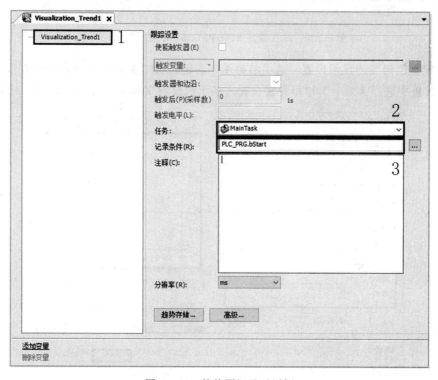

图 6.2.19 趋势图记录对话框

所示为弹出的趋势图记录对话框，在对话框上单击"Visualization_Trend1"，设置跟踪的任务为 MainTask，记录条件为 PLC_PRG.bStart。

（2）添加变量。在趋势图记录对话框添加变量 PLC_PRG.iSUM 来做趋势记录。首先在趋势图记录窗口左下角位置单击"添加变量"，在弹出的变量设置窗口进行变量关联和其他变量参数设置，本示例中其他变量参数采用默认设置，添加好的变量，如图 6.2.20 所示。

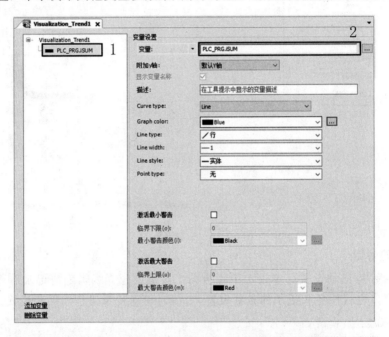

图 6.2.20 添加变量 PLC_PRG.iSUM 做趋势记录

（3）配置趋势图的显示设置。选中趋势图，右键选择"配置趋势的显示设置"，可在弹出的显示设置中进行 X 轴、Y 轴和变量设置，本示例仅对 Y 轴进行设置，如图 6.2.21 所示。

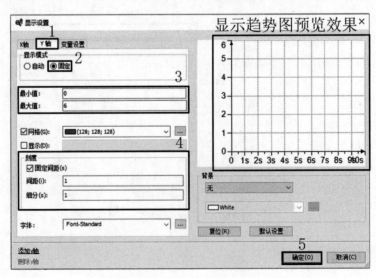

图 6.2.21 设置显示趋势图

6. 验证程序

在未按下启动按钮时，趋势图没有变化。按下启动按钮时，趋势图记录 PLC_PRG.iSUM
值的变化，趋势图显示效果如图 6.2.22 所示。

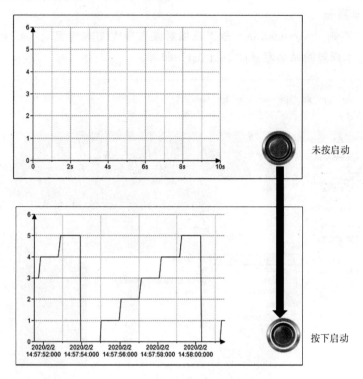

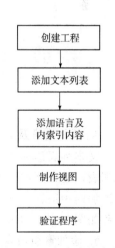

图 6.2.22　趋势图显示效果

6.2.4　视图的多国语言切换功能

【任务名称】　视图的多国语言切换。

【任务描述】

（1）在视图中运行后，页面的显示默认为中文显示，按钮
和矩形框的文字内容均为中文。

（2）按下"英文"按钮，视图中的　"你好"切换至
"Hello"，同时按钮的文字也切换成英文。

（3）按下"Chinese"按钮，视图中的"Hello"切换至　"你
好"，同时按钮的文字也切换成中文。

【任务实施】

在工业控制系统中，可能由不同国家的人员进行操作，为方
便各类人员能更好地使用和操作，往往需要对控制系统进行多语
言设计，通过按键对视图界面的所有内容进行语言的切换。

1. 任务实施流程

任务实施流程，如图 6.2.23 所示。

创建工程

↓

添加文本列表

↓

添加语言及
内索引内容

↓

制作视图

↓

验证程序

图 6.2.23　任务实施流程

2. 创建工程

（1）设备：CODESYS Control Win V3。

（2）编程语言：梯形逻辑图（LD）。

3. 添加文本列表

在设备树下右击"Application"→"添加对象"→"文本列表…"，单击添加，如图 6.2.24 所示，文本列表的命名默认"TextList"即可。

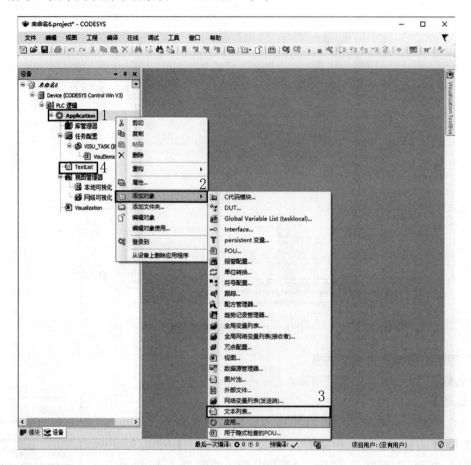

图 6.2.24　文本列表添加

4. 添加语言及内索引内容

文本列表添加成功后，还需要在文本列表上添加语言。添加语言的操作为：①双击文本列表，进入文本列表界面；②右击文本列表界面的空白处，选择"添加语言"；案例需要添加两种语言，分别命名为"Chinese""English"，注意语言的命名不能识别中文，其过程如图 6.2.25 所示。

5. 添加索引内容

视图的组件通过调用索引内容的 ID 号来显示对应的内容，这些内容可以通过不一样的语言进行显示。本案例显示的内容有 3 个，通过不一样的按钮来实现语言列。添加索引内容后的语言列表，如图 6.2.26 所示。

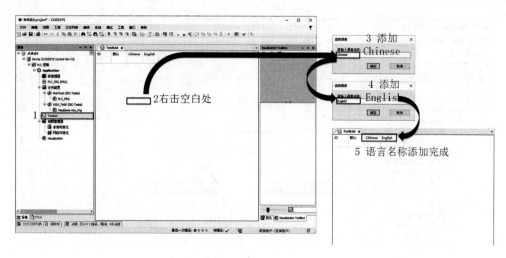

图 6.2.25　文本列表添加语言

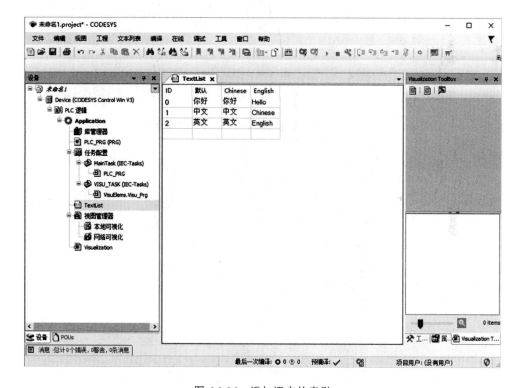

图 6.2.26　添加语言的索引

6. 制作视图

　　添加视图，并在视图管理器把"使用 Unicode 字符串"勾选上，以便视图能正确显示中文。在视图区域中，添加一个矩形和两个按钮，如图 6.2.27 所示。

　　在矩形的属性框中，找到"动态文本"→"文本列表"，将其修改为"TextList"，在"文本索引"框中输入"0"，以将其内容规定为"你好"，如图 6.2.28 所示。

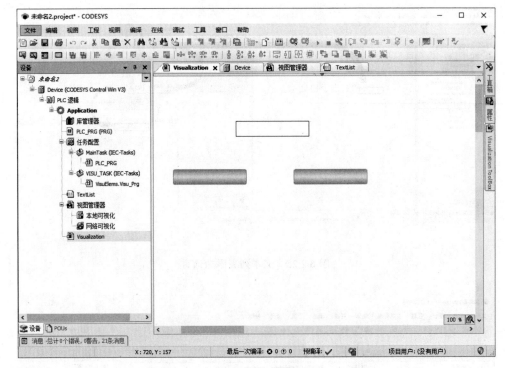

图 6.2.27 视图

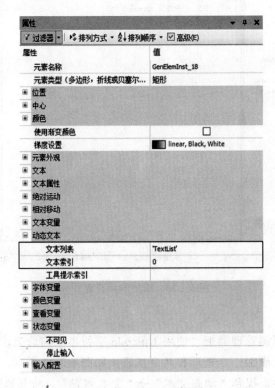

图 6.2.28 矩形属性设置

单击左侧的按钮，在其属性框中，找到"动态文本"→"文本列表"，将其修改为"TextList"，在"文本索引"框中输入"1"，以将其内容规定为"中文"，在按钮的属性找到"输入配置"→"OnMouseDown"，单击配置，在弹出的"输入配置"对话框中，把左侧的"改变语言"添加到右侧，并单击"语言"下的输入助手，操作步骤如图 6.2.29 所示，在"输入助手"对话框中，选择"Chinese"。

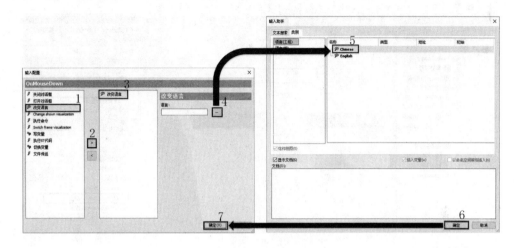

图 6.2.29　语言设置

左侧按钮的文本列表和文本索引以及输入配置设置，如图 6.2.30 所示。

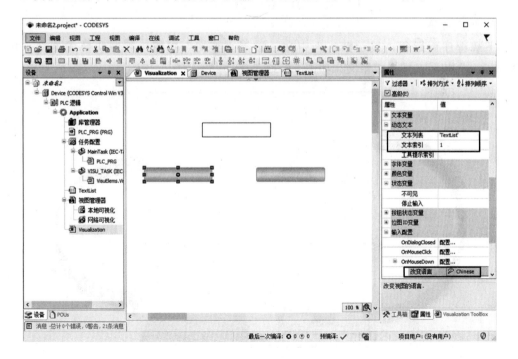

图 6.2.30　左侧按钮设置完毕

单击右侧的按钮，打开它的属性框，找到"动态文本"→"文本列表"，将其修改为"TextList"，在"文本索引"框中输入"2"，以将其内容规定为"英文"，其余设置和左侧的按钮设置一样，在选择语言时选择"英文"，设置完成后，如图 6.2.31 所示。

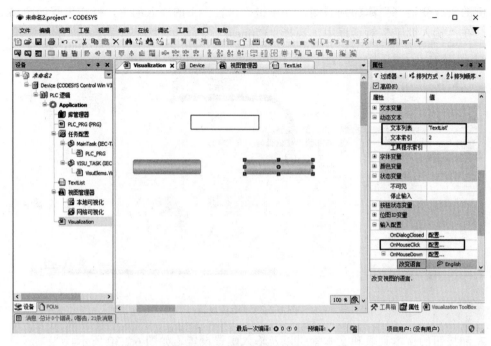

图 6.2.31　右侧按钮设置完毕

7. 验证程序

下载程序后运行，显示默认为中文，按下"英文"按钮，视图切换成英文，按下"Chinese"按钮，切换成中文，如图 6.2.32 所示。

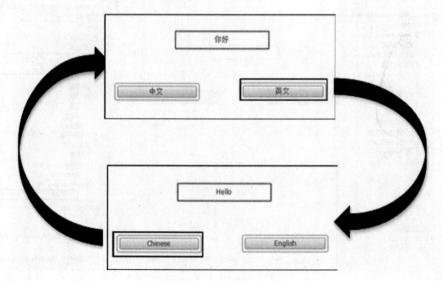

图 6.2.32　实现语言的切换

6.2.5 视图的报警功能

【任务名称】 视图的报警功能。

【任务描述】 设置一个车位数量报警系统。

（1）当 10≤车位数量＜20 的时候，弹出报警"车位不足 20"。

（2）当 0＜车位数量＜10 的时候，弹出报警"车位不足 10"。

（3）当车位数量=0 的时候，弹出报警"车位已满，停止入场！"。

（4）按下报警确认按钮，可对报警内容进行清除。

【任务实施】

报警功能在工业控制系统中常常用到，用于提醒和警示用户对工业生产流程进行警醒和干预，以防止出现生产中断或安全事故等发生。

1. 任务实施流程

任务实施流程，如图 6.2.33 所示。

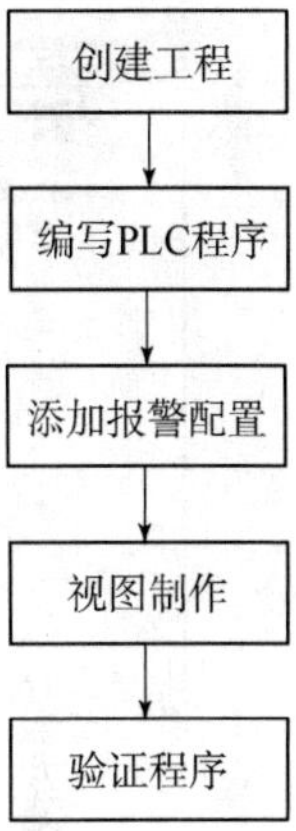

2. 创建工程

（1）设备：CODESYS Control Win V3。

（2）编程语言：梯形逻辑图（LD）。

3. 编写 PLC 程序

新建工程，选用梯形图编程语言，在"工程"→"工程设置"→"编译选项"中勾选允许"标志符使用 Unicode 字符"，使软件支持中文变量，并进行变量的定义。设置好软件支持中文变量，添加中文变量"车位数量"和"报警确认"，如图 6.2.34 所示。

创建工程

编写PLC程序

添加报警配置

视图制作

验证程序

图 6.2.33　任务实施流程

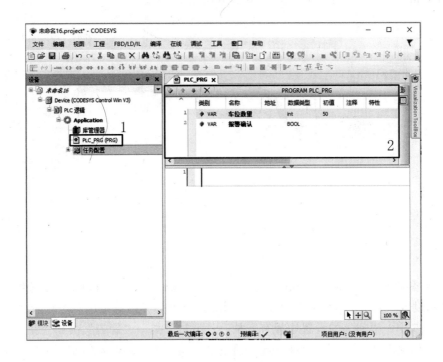

图 6.2.34　添加中文变量"车位数量"和"报警确认"

4. 添加报警配置

在设备树下右击"Application"→"添加对象"→"报警配置…"，即可添加报警配置，添加完毕后，在设备中将出现"Alarm Configuration"，如图 6.2.35 所示。

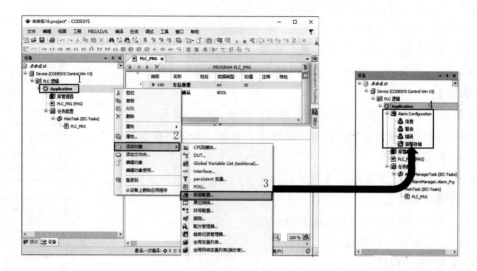

图 6.2.35 添加报警配置

在设备树的"Alarm Configuration"处右击，在弹出的窗口中选中"添加对象"→"报警组…"即可添加报警组，添加完毕后，在"Alarm Configuration"下将出现"AlarmGroup"配置栏和文本栏，如图 6.2.36 所示。

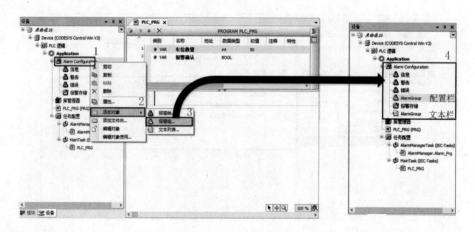

图 6.2.36 添加报警组

双击设备树下的"AlarmGroup"，打开"AlarmGroup"设置窗口，对报警组进行如图 6.2.37 所示设置，其中"详细说明"的内容可通过下方的"内部范围"进行表达式设定。

图 6.2.37 中，"类"的设置选择有三种："消息"类、"警告"类和"错误"类，本示例选择"错误"类，用来表示报警调用的是"错误"类，其内容的设置可以双击设备树下"Alarm Configuration"的"错误"进行相关设置，如图 6.2.38 所示。

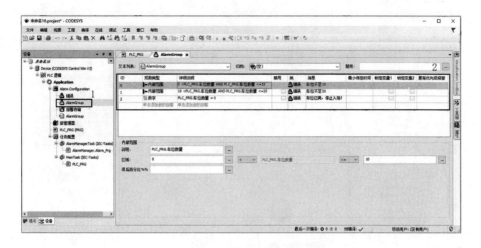

图 6.2.37 设置报警组

图 6.2.38 设置"错误"类

5. 视图制作

在新建好视图时，注意要双击设备树的"视图管理器"，勾选"使用 Unicode 字符串"以便视图能正确显示中文。添加按钮、矩形框和标签控件并进行相应的设置；然后也将报警表格拖曳到视图编辑区，效果如图 6.2.39 所示。

对报警表格进行参数设置，对报警表格设置为三列，第一列的标题设置为"时间"，数据类型列设置为"时间戳列"；第二列的表格设置为"报警内容"，数据类型设置为"消息列"；第三列的表格设置为"报警时间"，数据类型设置为"时间戳列激活"。控制变量下的"确认所有可见变量"关联至报警确认按钮，即可通过按下"报警确认"按钮解除报警并对内容进行确认，效果如图 6.2.40 所示。

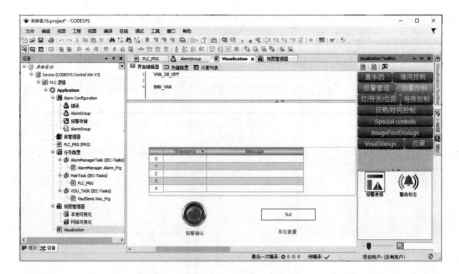

图 6.2.39　添加视图控件

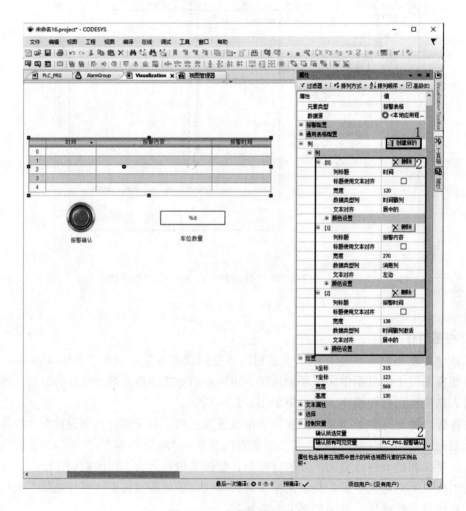

图 6.2.40　报警表格设置

6. 验证程序

下载程序并运行。分别设置车位数量为 50、15、5、0，则产生不同的报警内容，设置车位数量不在报警区内，按下报警确认按钮，则报警内容消失，操作过程与效果如图 6.2.41 所示。

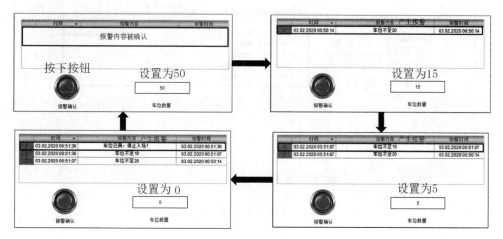

图 6.2.41 报警视图示例程序输出效果

6.2.6 视图的配方功能

【任务名称】 视图的配方控制。

【任务描述】 产品 A 和 B 由不同的配方构成，生产时调用不同的配方数据。

（1）产品 A 的配方原料有由 50 克水，1 克糖精，1 克蛋白粉组成；产品 B 的配方原料由 100 克水，1.5 克糖精，1.5 克蛋白粉组成。

（2）当生产产品 A 时，将调用产品 A 的数据进行生产；当生产产品 B 时，将调用产品 B 的数据进行生产。

【任务实施】

在工业生产过程中，配方的功能常常被使用到，用于不一样的产品在产线中的生产，使用配方功能可以减少了数据输入的人工干预，实现产品生产的快速切换。

1. 任务实施流程

任务实施流程，如图 6.2.42 所示。

2. 创建工程

（1）设备：CODESYS Control Win V3。

（2）编程语言：梯形逻辑图（LD）。

3. 定义 PLC 变量

新建工程，选用结构化文本编程语言，在"工程"→"工程设置"→"编译选项"中勾选"允许标志符使用 Unicode 字符"，使软件支持中文变量，并进行变量的定义，如图 6.2.43 所示。

创建工程

↓

定义PLC变量

↓

添加配方

↓

调用配方程序

↓

验证程序

图 6.2.42 任务实施流程

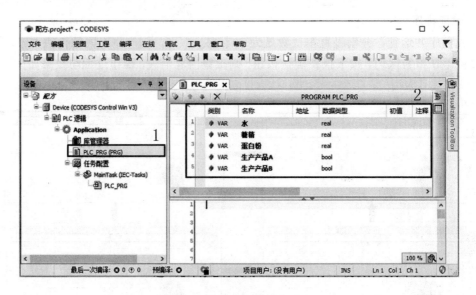

图 6.2.43　添加中文变量

4. 添加配方

添加配方管理器，在设备树下右击"Application"→"添加对象"→"配方管理器…"，操作如图 6.2.44 所示。

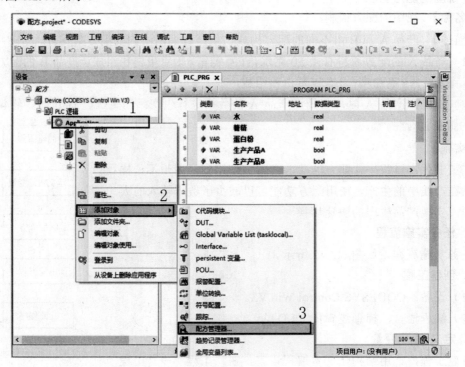

图 6.2.44　添加配方管理

添加配方定义在设备树下的"配方管理器"，在弹出的窗口中选择"添加对象"→"配方定义…"，操作如图 6.2.45 所示。

图 6.2.45　添加配方定义

　　添加设置配方内容，双击设备树下的"Recipes"，进入设置配方内容界面，可进行配方内容的输入，需要注意的是配方产品列的输入需要在配方内容界面的空白处右击，在弹出的窗口中选择"添加新配方"即可，按图 6.2.46 操作完成配方设置内容。

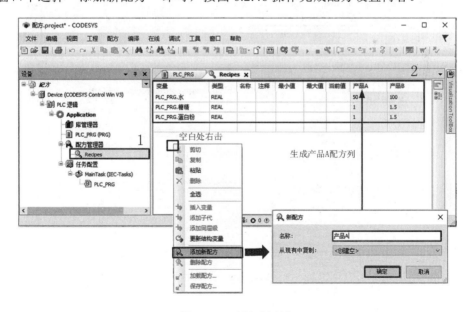

图 6.2.46　添加新配方

5. 调用配方程序

双击设备树下的"PLC_PRG"程序，进入程序编写界面，此时需要先添加对功能块

RecipeManCommands 并对其进行实例化，本示例的实例化名称为"配方管理指令"，并进行程序编制，如图 6.2.47 所示。

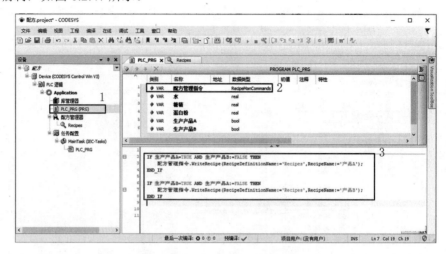

图 6.2.47 功能块 RecipeManCommands 实例化

需要注意的是，RecipeManCommands 指令下有很多方法，本示例通过 WriteRecipe 将配方数据写入到 PLC 变量中，关于更多的方法的使用说明，可以通过在库管理器页面中进行查阅，如图 6.2.48 所示为 RecipeManCommands.WriteRecipe 方法的使用说明。

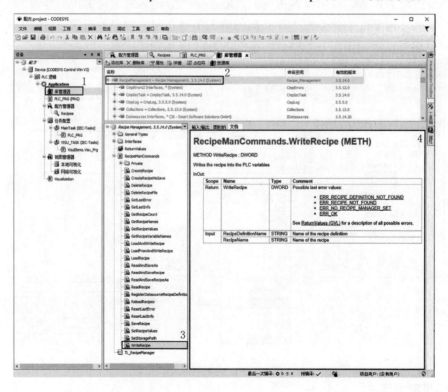

图 6.2.48 RecipeManCommands.WriteRecipe 方法说明

6. 验证程序

强制让"生产产品 A"布尔型开关为 TRUE，可以发现产品 A 的配方写入到各 PLC 变量中；强制"生产产品 B"布尔型开关为 TRUE，可以发现产品 B 的配方写入到各 PLC 变量中，如图 6.2.49 所示。

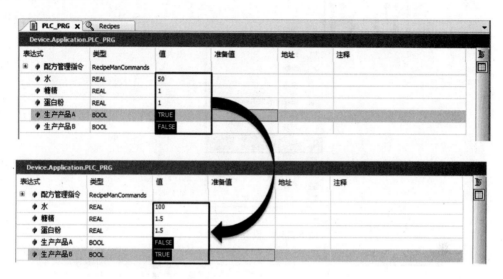

图 6.2.49 配方示例程序验证

6.2.7 视图的动画功能

【任务名称】 视图的动画控制。

【任务描述】 绘制一个简易小车，按下启动按钮，小车在两点间左右往返运动。

【任务实施】

1. 任务实施流程

任务实施流程，如图 6.2.50 所示。

2. 创建工程

（1）设备：CODESYS Control Win V3。

（2）编程语言：梯形逻辑图（LD）。

3. 视图制作

（1）设计画面。在工具箱拖出相应的控件绘制一条直线作为小车的行走轨迹，再绘制小车模型（一个矩形框和两个圆形组成），为能让小车作为一个整体运动，因此需要将小车模型框选右击，选择"组"，如图 6.2.51 所示，此时，框选的控件作为一个组件。最后添加按钮和标签，按钮的行为元素设置为"图形切换"，标签的文本内容设置为"启动"，该按钮用来启动系统。

图 6.2.50 任务实施流程

（2）寻找位置点。把小车移到直线轨迹的左侧，在其属性窗口得到 X 坐标为 100；再把小车移到右侧，得到 X 坐标为 400，如图 6.2.52 所示。这两个值在之后要编写的 PLC 程序中将被用到。

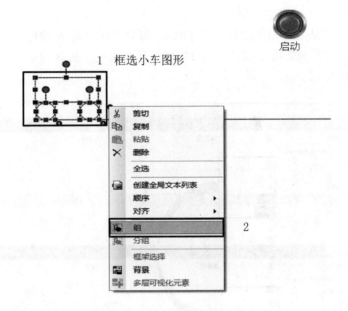

图 6.2.51　设计视图画面

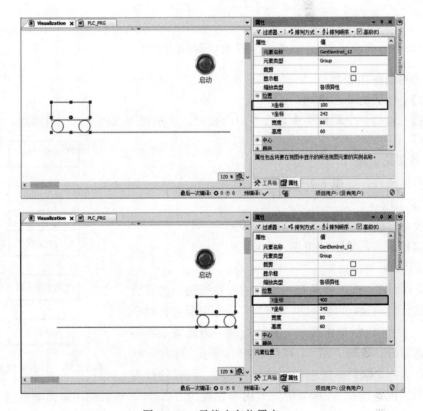

图 6.2.52　寻找小车位置点

4. 编写 PLC 程序

根据任务需求编写如图 6.2.53 所示程序。

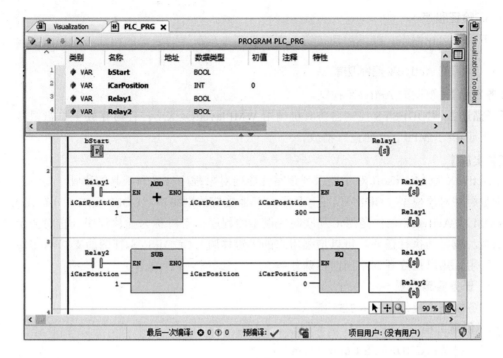

图 6.2.53　视图示例程序

5. 视图变量关联

选择小车模型组，将其属性窗口下的"绝对运动-移动-*X* 坐标"的变量与 PLC 程序的 iCarPosition 变量进行关联，如图 6.2.54 所示；同时将按钮的变量与 PLC 的 bStart 的变量关联。

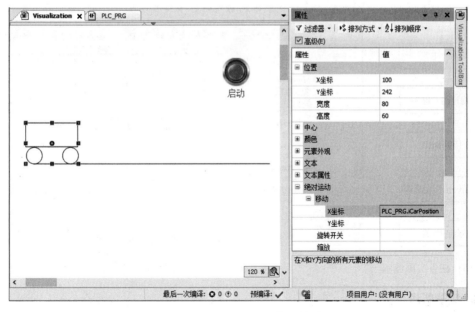

图 6.2.54　iCarPosition 变量关联

6. 验证程序

下载并运行程序，按下启动按钮，则可看到小车在直线轨迹的两端左右移动。

6.2.8 视图的 ActiveX 控制功能

【任务名称】 视图的 ActiveX 控制。

【任务描述】 CODESYS 控制器仿真机调用 WMPlayer.OCX.7 控件对存放于 C 盘根目录下的"王菲-棋子.MP3"歌曲进行播放。

【任务实施】

ActiveX 是 Microsoft 对于一系列策略性面向对象程序技术和工具的称呼，其中主要的技术是组件对象模型（COM）。在有目录和其他支持的网络中，COM 变成了分布式 COM（DCOM）。ActiveX 控件是用于互联网的很小的程序，有时称为插件程序。它们会允许播放动画，或帮助执行任务，可以增强用户的浏览体验。CODESYS 视图的支持 ActiveX 控件的调用，用以执行各种不同的特殊任务。

1. 任务实施流程

任务实施流程，如图 6.2.55 所示。

2. 创建工程

（1）设备：CODESYS Control Win V3。

（2）编程语言：结构化文本（ST）。

3. 编写 PLC 程序

Active 控制功能编写的示例程序，如图 6.2.56 所示。

图 6.2.55　任务实施流程　　　　图 6.2.56　Active 控制功能编写的示例程序

4. 视图制作

新建视图，添加按钮和标签控件，将按钮的变量关联至 PLC_PRG.bPlay，同时将标签的文本内容修改为"播放",然后将 ActiveX 元素拉入到视图编辑区,如图 6.2.57 所示。

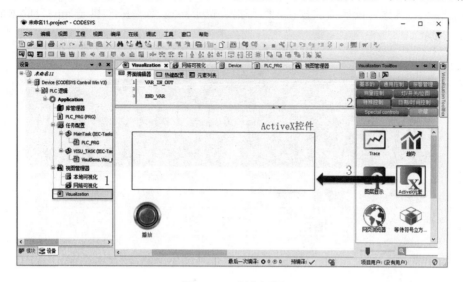

图 6.2.57 制作视图

5. ActiveX 参数设置

选中 ActiveX 控件,其属性中的"控制"通过选择助手设置为 WMPlayer.OCX.7,然后创建新的条件调用的方式,并将"方法"设置为 URL 的方式,将调用条件的"变量"设置为 PLC_PRG.bPlay,将参数的"变量"设置为 PLC_PRG.wsPlayAddress,如图 6.2.58 所示。

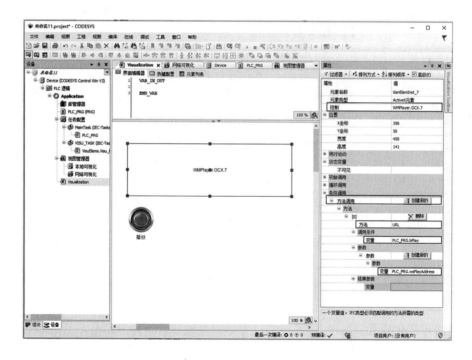

图 6.2.58 设置 ActiveX 参数

6. 验证程序

下载并运行程序，按下播放按钮，则可播放位于路径"c:\王菲-棋子.mp3"的歌曲，如图 6.2.59 所示。

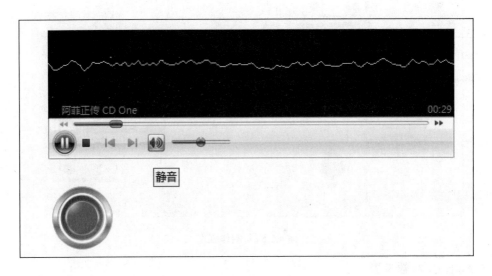

图 6.2.59　验证程序

6.2.9　视图的 Web 发布功能

【任务名称】　视图的 Web 发布功能。

【任务描述】　在手机或者平板的移动设备中，通过浏览器进行视图的 Web 访问及操控。

图 6.2.60　任务实施流程

【任务实施】

CODESYS 视图的 Web 发布功能可以让远程的智能终端设备快速访问视图并进行权限操作，为设备与工程带来监控、操作便利。

1. 任务实施流程

任务实施流程，如图 6.2.60 所示。

2. 创建工程

（1）设备：CODESYS Control Win V3。

（2）编程语言：梯形逻辑图（LD）。

3. 编写 PLC 程序

添加的变量定义和程序内容，如图 6.2.61 所示。

4. 视图制作

新建视图后，创建如图 6.2.62 所示的视图，并对按钮和指示灯的变量与 PLC 中的 bButton 和 bLight 进行关联。

5. 网络可视化设置

在左侧的设备树中，找到"视图管理器"→"网络可视化"，双击进入其界面，在缩放选项中，把"等向性的"选上，否则在不同设备上访问时，视图会自适应访问设备屏幕

的分辨率，视图的组件外形比例就会发生变化。本示例其他设置采用默认设置，如图 6.2.63
所示。

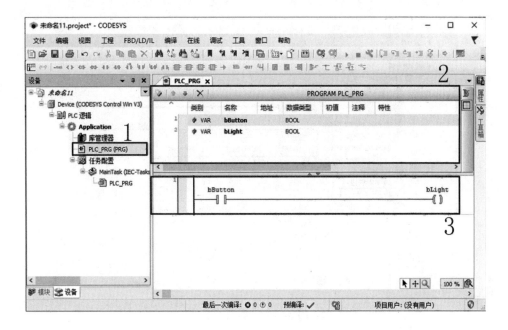

图 6.2.61　编写 PLC 程序

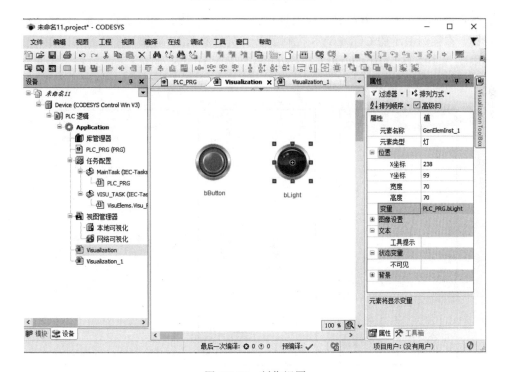

图 6.2.62　制作视图

图 6.2.63 网络可视化设置

6. 在智能终端浏览器进行 Web 监控

在智能终端上,打开浏览器,在地址栏中输入设备 IP:8080/webvisu.htm,即可访问其网络视图。本案例演示的 CODESYS 控制器仿真机电脑的 IP 地址为 192.168.1.106。在手机浏览器中输入 192.168.1.106:8080/webvisu.htm 即可进行 Web 的远程访问。按下手机浏览器的 bButton 按钮,实现对指示灯 bLight 的控制,如图 6.2.64 所示。

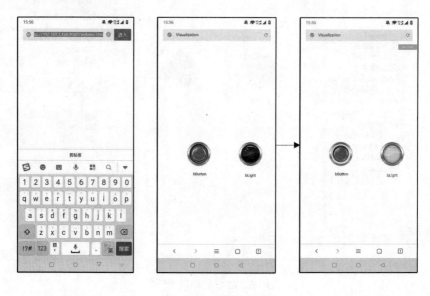

图 6.2.64 监控流程

第7章

轴运动控制的应用

7.1 PLCopen 运动控制介绍

7.1.1 运动控制简介

在运动控制的市场，各个厂商有着彼此间互不兼容的系统和解决方案。这种不兼容会给最终用户带来高昂的成本，使用时效率低下，融合困难，也同时制约着市场的发展。标准化是解决这些问题的一种办法，标准化不仅意味着编程语言本身，还意味着面向不同运动控制解决方案的界面。这样，这些运动控制解决方案的编程较少依赖硬件。PLCopen 帮助用户解决了标准化的问题，其通过标准化运动控制功能块定义了使用的界面，虽然标准化不能为系统提供最大的性能，但是可以接近最全的功能。

PLCopen 运动控制标准的发布说明如下：

2001 年第一次发布 Motion Control Part1。

2005 年第一次发布 Motion Control Part2。

2008 年合并 Part1 和 Part2。

2011 年 Motion Control V2.0。

迄今为止，Motion Control V2.0 包含了以下 6 部分：

第 1 部分：基本运动控制功能库，定义了单轴状态机、单轴和多轴类运动控制功能块集。

第 2 部分：扩展指令集，提供了一系列附加扩展功能块。

第 3 部分：用户说明，指导用户对运动控制功能块的理解。

第 4 部分：多轴联运插补运动，针对三维运动定义了轴组状态机和轴类运动功能块集。

第 5 部分：回原点功能，描述了多种回原点过程的模型和方法。

第 6 部分：液压扩展部分，用于优化编程以及液压器件和系统集成。

该规范为用户提供了独立于底层体系结构的标准命令集和结构。该结构可用于许多平台和体系结构，用户可以决定在开发周期的后期将采用哪种架构。这不仅仅降低了制造成本，使系统维护更容易，而且教育周期大大缩短。这是向前迈出的重要一步，也为越来越多的用户和供应商所接受。

7.1.2 运动控制标准 Part1 和 Part2

运动控制标准 Part1 和 Part2 规范了单轴的运动、多轴的主从运动（齿轮运动、凸轮运动等），在 PLCopen 的 Motion Control V2.0 被称为 basic 运动控制。

1. 运动控制标准 Part1 和 Part2 功能块

PLCopen 运动控制标准 Part1 和 Part2 为运动控制基本功能模块,它主要包含了基本的单轴运动控制和多轴运动指令和管理指令,具体的功能块见表 7.1.1。

表 7.1.1　　　　　运动控制标准 Part1 和 Part2 管理功能块和运动功能块

| 管 理 功 能 块 | | 运 动 功 能 块 | |
单　轴	多　轴	单　轴	多　轴
MC_Power	MC_CamTableSelect	MC_Home	MC_CamIn
MC_ReadStatus		MC_Stop	MC_CamOut
MC_ReadAxisError		MC_Halt	MC_GearIn
MC_ReadParameter		MC_MoveAbsolute	MC_GearOut
MC_ReadBoolParameter		MC_MoveRelative	MC_GearInPos
MC_WriteParameter		MC_MoveAdditive	MC_PhasingAbsolute
MC_WriteBoolParameter		MC_MoveSuperimposed	MC_PhasingRelative
MC_ReadDigitalInput		MC_MoveVelocity	MC_CombineAxis
MC_ReadDigitalOutput		MC_MoveContinuousAbsolute	
MC_WriteDigitalOutput		MC_MoveContinuousRelative	
MC_ReadActualPosition		MC_TorqueControl	
MC_ReadActualVelocity		MC_PositionProfile	
MC_ReadActualTorque		MC_VelocityProfile	
MC_ReadAxisInfo		MC_AccelerationProfile	
MC_ReadMotionState			
MC_SetPosition			
MC_SetOverride			
MC_TouchProbe			
MC_DigitalCamSwitch			
MC_Reset			
MC_AbortTrigger			
MC_HaltSuperimposed			

2. 功能块状态图

功能块之间的关系用功能块状态图来表示,如图 7.1.1 所示,表明了状态之间的切换关系,状态图的实线箭头表示状态之间可能的状态转换,虚线箭头用于在轴的命令已终止或系统相关转换(如与错误相关)时发生的状态转换,在该状态上面列出了将轴转换到相应的运动状态的运动命令。当轴已经处于相应的运动状态时,也可以发出这些运动命令。

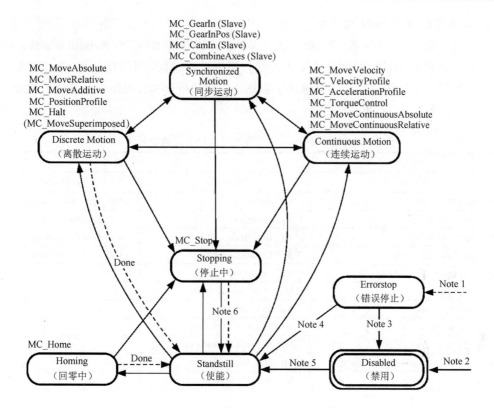

图 7.1.1　运动控制标准 Part1 和 Part2 功能块状态图

功能块状态图说明：实线是命令切换，虚线是自动切换。

Note 1：从任何状态下发生轴错误。

Note 2：从任何状态下 MC_Power.Enable =False，并且轴中没有错误。

Note 3：MC_Reset 和 MC_Power.Status =False。

Note 4：MC_Reset、MC_Power.Status 和 MC_Power.Enable = True。

Note 5：MC_Power.Enable 和 MC_Power.Status = True。

Note 6：MC_Stop.Done = True 和 MC_Stop.Execute =False。

　　状态图中未列出的功能块不会影响状态图的状态，这意味着无论何时调用它们，状态都不会改变。

7.1.3　运动控制标准 Part4

　　PLCopen 运动控制标准 Part4 主要针对多轴联运插补运动，是 Part1 和 Part2 的扩展补充，其中 Part1 和 Part2 主要是介绍主从运动的关系，是一种协调运动控制，其中主动轴位置用于生成一个或多个从动轴位置命令。

　　对于多维运动，可以通过一组轴无须主动轴，相互间组合协调运动到达终点。这是通过定义一组具有相关的协调运动功能的功能块以及更高级别的状态图来完成的，以便更好地进行轨迹规划。同时，采用主从轴运动控制方式时，如果当前的主从轴可能会出现问题，如果发生错误，其他轴对此一无所知，并继续其运动。通过将轴组合在一起，可以预先知道涉及哪些轴，从而规避的轴运动的错误行为。

1. 运动控制标准 Part4 功能块

运动控制标准 Par4 规范了多轴的联运插补运动，包含 CNC 和 Robotics 运动，面向路径的运动可以使用特定的面向机器人的编程语言进行编程，也可以使用 CNC 世界中使用的"G 代码"进行编程。它主要包含了多轴协同运动指令和管理指令，具体的功能块见表 7.1.2。

表 7.1.2　运动控制标准 Part4 轴组管理功能块和运动功能块

管理功能块	运 动 功 能 块	
协　调	协调运动	同步运动
MC_AddAxisToGroup	MC_GroupHome	MC_SyncAxisToGroup
MC_RemoveAxisFromGroup	MC_GroupStop	MC_SyncGroupToAxis
MC_UngroupAllAxes	MC_GroupHalt	MC_TrackConveyorBelt
MC_GroupReadConfiguration	MC_GroupInterrupt	MC_TrackRotaryTable
MC_GroupEnable	MC_GroupContinue	
MC_GroupDisable	MC_MoveLinearAbsolute	
MC_SetKinTransform	MC_MoveLinearRelative	
MC_SetCartesianTransform	MC_MoveCircularAbsolute	
MC_SetCoordinateTransform	MC_MoveCircularRelative	
MC_ReadKinTransform	MC_MoveDirectAbsolute	
MC_ReadCartesianTransform	MC_MoveDirectRelative	
MC_ReadCoordinateTransform	MC_MovePath	
MC_GroupSetPosition		
MC_GroupReadActualPosition		
MC_GroupReadActualVelocity		
MC_GroupReadActualAcceleration		
MC_GroupReadStatus		
MC_GroupReadError		
MC_GroupRese t		
MC_PathSelect		
MC_GroupSetOverride		
MC_SetDynCoordTransform		

2. 轴组功能块状态图

轴组功能状态图描述了轴组的命令状态，当轴组处于某一状态时，轴组成员的每个轴都处于该状态。轴组状态图如图 7.1.2 所示。

7.1.4　运动控制指令查询

CODESYS 运动控制功能块适用于 PLCopen 运动控制标准，能够使用户高效地实现运动控制而无须了解其繁琐的底层细节：从简单的单轴运动或电子齿轮、凸轮到多维的轴组复杂运动控制。主要的应用不仅可集中在运动功能特性，而且还集中在序列和过程控制以及相关的功能，使得运动控制应用与 CODESYS 开发环境融为一体。程序逻辑完全由 PLC 程序处理完成，其中纯粹的运动控制则由调用库函数执行（图 7.1.3）。

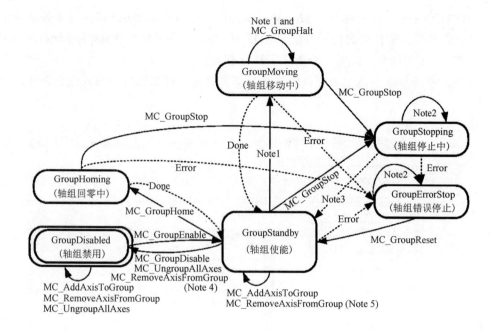

图 7.1.2　运动控制标准 Part4 功能块状态图

功能块状态图说明：实线是命令切换，虚线是自动切换。

注　1. 适用于所有运动功能块。

　　2. 在状态 GroupErrorStop 或 GroupStopping 中，可以调用所有功能块，但不执行功能块。在 GroupErrorStop 下 MC_GroupReset 将使状态切换到 GroupStandby 或 GroupErrorStop。

　　3. MC_GroupStop.DONE 和非 MC_GroupStop.EXECUTE。

　　4. 如果从组中删除了最后一个轴，则发生切换。

　　5. 组不为空时，则发生切换。

　　6. MC_GroupDisable 和 MC_UngroupAllAxes 可以在所有状态下产生，并将状态更改为 GroupDisabled。

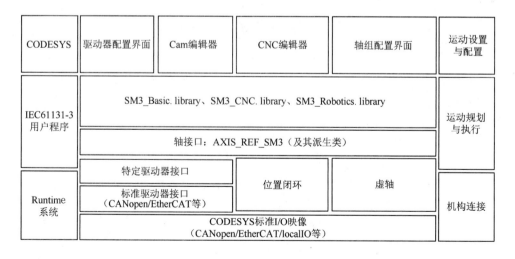

图 7.1.3　CODESYS SoftMotion 基本框架

在 CODESYS 中可以快速查询 Motion Control Part1、Part2、Part4 的所有相关功能块指令。CODESYS 将运动控制的指令归集到 SM3_Basic、SM3_CNC、SM3_Robotics 三类中，可按照如图 7.1.3 的操作方式对指令的使用进行查阅。

轴控制的指令很多，本书未介绍的指令功能和管脚可以通过以下方式进行查询，如图 7.1.4 所示。

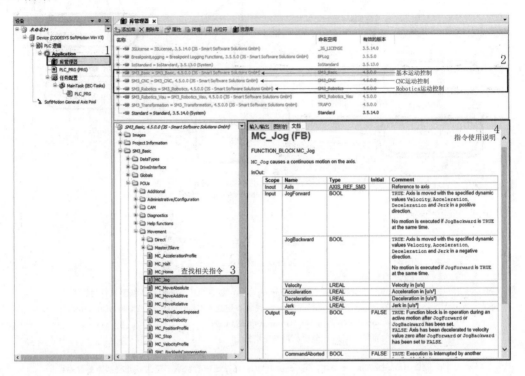

图 7.1.4　指令使用查询

7.2　单　轴　的　控　制

7.2.1　单轴的运动控制

【任务名称】　单轴的运动控制。

【任务描述】

（1）点动控制（速度 10u/s，加减速为 100u/s²）。

1）按下点动正转按钮，电机正转；松开手动正转按钮，电机停止。

2）按下点动反转按钮，电机正转；松开手动反转按钮，电机停止。

（2）速度控制（速度 10u/s，加减速为 100u/s²）。

1）按下速度运行正转按钮，电机匀速正转运行。

2）按下速度运行反转按钮，电机匀速反转运行。

（3）绝对位置控制（速度 10u/s，加减速为 100u/s²）。

1）按下绝对位置正转按钮，电机正向运行并停在绝对 90°位置。

2）按下绝对位置反转按钮，电机反向运行并停在绝对-90°位置。

（4）相对位置控制（速度 10u/s，加减速为 100u/s²）。

1）按下相对位置正转按钮，电机正向运行并停在相对 60°位置。

2）按下相对位置反转按钮，电机反向运行并停在相对-60°位置。

（5）停止控制。在上述操作（2）～（4）运行过程中，按下停止按钮，电机减速后停止运行。

【任务实施】

1. 任务实施流程

任务实施流程，如图 7.2.1 所示。

2. 指令介绍

（1）MC_Power 指令。MC_Power 功能块的使用说明见表 7.2.1。MC_Power 用于启动和禁用轴。

只有 Enable 为 True 时，该指令才能生效；只有 bRegulatorOn 为 True 时，才能启动轴。

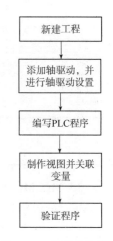

图 7.2.1 任务实施流程

表 7.2.1　　　　　　　　　　　　MC_Power 功能块的使用说明

功能块	范围	引脚名称	说　明
	Inout	Axis	映射到轴
	Input	Enable	True：功能块执行
		bRegulatorOn	True：启用轴
		bDriveStart	True：禁用紧急停止处理
	Output	Status	True：轴已准备好
		bRegulatorRealState	True：轴已启动
		bDriveStartRealState	True：驱动器未被快速停止
		Busy	True：功能块正在执行
		Error	True：在执行过程中出错
		ErrorID	错误代码

（2）MC_Jog 指令。MC_Jog 用于点动控制轴运动。MC_Jog 功能块的使用说明见表 7.2.2。

表 7.2.2　　　　　　　　　　　　MC_Jog 功能块的使用说明

功能块	范围	引脚名称	说　明
	Inout	Axis	映射到轴
	Input	JogForward	True：轴以指定的动态值沿正方向移动。不与 JogBackward 同时执行
		JogBackward	True：轴以指定的动态值沿负方向移动。不与 JogForward 同时执行

功能块	范围	引脚名称	说　　明
	Input	Velocity	速度，u/s
		Acceleration	加速度，u/s^2
		Deceleration	减速度，u/s^2
		Jerk	加加速度，u/s^3
	Output	Busy	True：功能块正在执行
		CommandAborted	True：另一个轴指令中断了执行
		Error	True：在执行过程中出错
		ErrorId	错误代码

（3）MC_MoveVelocity 指令。MC_MoveVelocity 功能块的使用说明，见表 7.2.3。MC_MoveVelocity 用于控制轴做匀速运动。

表 7.2.3　　　　　　　　　MC_MoveVelocity 功能块的使用说明

功能块	范围	引脚名称	说　　明
	Inout	Axis	映射到轴
	Input	Execute	True：开始执行
		Velocity	运行的最大速度，u/s
		Acceleration	加速度，u/s^2
		Deceleration	减速度，u/s^2
		Jerk	加加速度，u/s^3
		Direction	-1（negative）：反向运行 0（shortest）：模数模式下，选择距离最短的方向 1（positive）：正向运行 2（current）：模数模式下，选择当前的运动方向（该值为默认值） 3（fastest）：模数模式下，选择达到目标最快的方向
	Output	InVelocity	True：首次达到设定速度
		Busy	True：功能块正在运行
		CommandAborted	True：被别的轴指令中断了执行
		Error	True：在执行过程中出错
		ErrorID	错误代码

（4）MoveAbsolute 指令。MC_MoveAbsolute 功能块的使用说明，见表 7.2.4。

MC_MoveAbsolute 用于控制轴以指定的动态值（速度、减速、加速度和加加速度）移动到绝对位置。

表 7.2.4 　　　　　　　　　　　　MC_MoveAbsolute 功能块的使用说明

功能块	范围	引脚名称	说 明
	Inout	Axis	映射到轴
	Input	Execute	True：开始执行
		Position	运动的目标位置（可以正负）
		Velocity	运行的最大速度，u/s
		Acceleration	加速度，u/s^2
		Deceleration	减速度，u/s^2
		Jerk	加加速度，u/s^3
		Direction	-1（negative）：反向运行 0（shortest）：模数模式下，选择距离最短的方向（该值为默认值） 1（positive）：正向运行 2（current）：模数模式下，选择当前的运动方向 3（fastest）：模数模式下，选择达到目标最快的方向
	Output	Done	True：已达到目标位置
		Busy	True：功能块正在运行
		CommandAborted	True：被别的轴指令中断了执行
		Error	True：在执行过程中出错
		ErrorID	错误代码

功能块图：
```
       MC_MoveAbsolute
─Axis  AXIS_REF_SM3      BOOL Done─
─Execute  BOOL           BOOL Busy─
─Position LREAL    BOOL CommandAborted─
─Velocity LREAL          BOOL Error─
─Acceleration LREAL  SMC_ERROR ErrorID─
─Deceleration LREAL
─Jerk LREAL
─Direction MC_Direction
```

（5）MC_MoveRelative 指令。MC_MoveRelative 功能块的使用说明，见表 7.2.5。

MC_MoveRelative 用于控制轴以指定的动态值（速度、减速、加速度和加加速度）移动到相对位置。

表 7.2.5 　　　　　　　　　　　　MC_MoveRelative 功能块的使用说明

功能块	范围	引脚名称	说 明
	Inout	Axis	映射到轴
	Input	Execute	True：开始执行
		Distance	运动的目标位置（可以正负）
		Velocity	运行的最大速度，u/s
		Acceleration	加速度，u/s^2
		Deceleration	减速度，u/s^2
		Jerk	加加速度，u/s^3
	Output	Done	True：已达到目标位置
		Busy	True：功能块正在运行
		CommandAborted	True：被别的轴指令中断了执行
		Error	True：在执行过程中出错
		ErrorID	错误代码

功能块图：
```
       MC_MoveRelative
─Axis  AXIS_REF_SM3      BOOL Done─
─Execute  BOOL           BOOL Busy─
─Distance LREAL    BOOL CommandAborted─
─Velocity LREAL          BOOL Error─
─Acceleration LREAL  SMC_ERROR ErrorID─
─Deceleration LREAL
─Jerk LREAL
```

（6）MC_Halt 指令。MC_Halt 功能块的使用说明，见表 7.2.6。

MC_Halt 用于控制轴的停止。

MC_Halt 在工作时，轴将处于 discrete_motion 状态，当轴完全停下，MC_Halt 的 done 动作，此时轴处于 standstill 状态，只要 MC_Halt 处于活动状态，就可以发出新的运动命令来中断 MC_Halt 的执行。

表 7.2.6   MC_Halt 功能块的使用说明

功能块	范围	引脚名称	说 明
	Inout	Axis	映射到轴
	Input	Execute	True：开始执行
		Deceleration	减速度，u/s^2
		Jerk	加加速度，u/s^3
	Output	Done	True：轴已停止
		Busy	True：功能块正在运行
		CommandAborted	True：被别的轴指令中断了执行
		Error	True：在执行过程中出错
		ErrorID	错误代码

功能块图示：
```
          MC_Halt
─Axis AXIS_REF_SM3      BOOL Done─
─Execute BOOL           BOOL Busy─
─Deceleration LREAL  BOOL CommandAborted─
─Jerk LREAL             BOOL Error─
                    SMC_ERROR ErrorID─
```

3. 新建工程

新建工程在选择设备时，选择"CODESYS SoftMotion Win V3"，则在产生的工程项目设备树中自动添加"SoftMotion General Axis Pool"，通过它可进行添加和设置轴驱动，编程语言选择梯形图，新建工程的过程如图 7.3.2 所示。

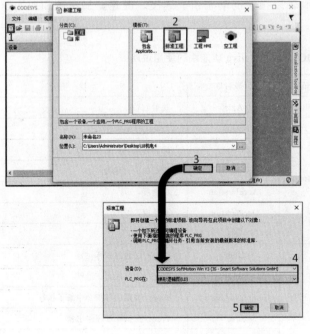

图 7.2.2   新建工程的过程

4. 添加轴驱动，并进行轴驱动设置

（1）添加轴驱动。在设备树下右击选择"SoftMotion General Axis Pool"，在弹出的窗口中选中"添加设备…"，将弹出"添加设备"窗口，选择"虚拟驱动器-SM_Drive_Virtual"后，单击"添加设备"，此时"SM_Drive_Virtual"将添加到设备树"SoftMotion General Axis Pool"下方，如图 7.2.3 所示。

图 7.2.3　添加轴驱动

（2）进行轴驱动设置。在设备树下选择"SM_Drive_Virtual"，弹出设置窗口，选择"SoftMotion 驱动：通用"，可进行轴类与限位、动态限制和速率斜坡类型设置，本示例仅将动态限制下的速度和加速度进行修改，如图 7.2.4 所示。

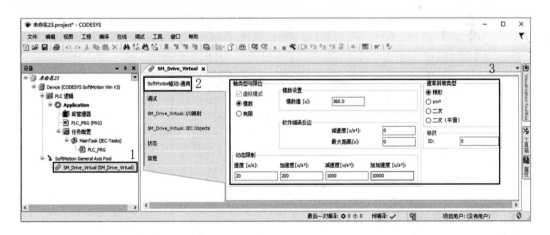

图 7.2.4　进行轴驱动设置

5. 编写 PLC 程序

单轴运动控制程序如图 7.2.5 所示。

本案例中用到了轴控制的功能块有 MC_Halt，MC_Jog，MC_MoveVelocity，

MC_MoveAbsolute，MC_MoveRelative，轴控制的指令还有很多，可按图 7.2.6 的方式进行查询。

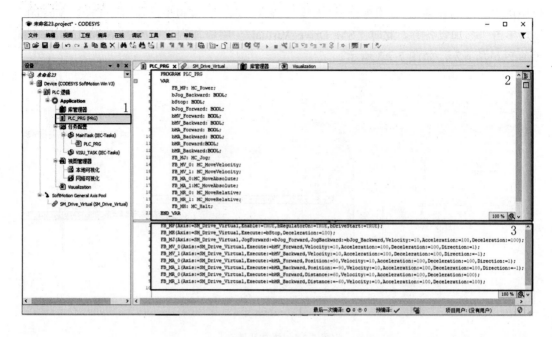

图 7.2.5　单轴运动控制程序

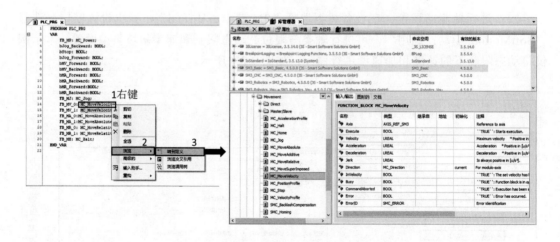

图 7.2.6　查询轴指令

6. 制作视图并关联变量

（1）制作视图。添加视图，并将按钮和标签控件从工具箱里拖曳出来，圆轴 RotDrive 的控件通过以下方式寻找并拖曳出来，如图 7.2.7 所示。

（2）关联变量。RotDrive 控件拖曳出来时会自动弹出赋值参数<RotDrive>窗口，可按如图 7.2.8 操作进行 RotDrive 变量的关联。同时，将按钮根据标签的内容进行定义。

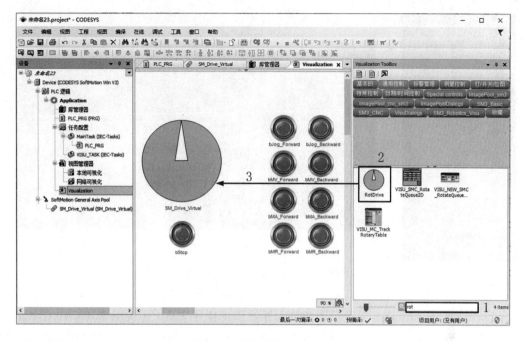

图 7.2.7　添加圆轴 RotDrive

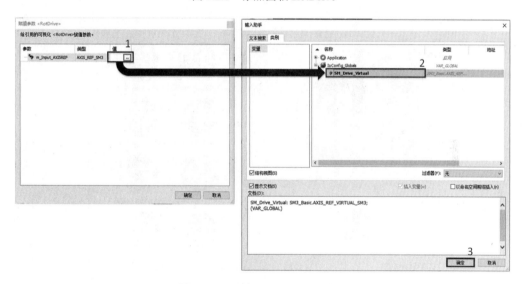

图 7.2.8　圆轴 RotDrive 关联变量

7. 验证程序

（1）打开 CODESYS SoftMotion Win V3 仿真机。由于新建工程选择设备时，选择了"CODESYS SoftMotion Win V3"，则在仿真的时候也要选择正确的仿真机，否则将无法下载和验证程序。打开运动控制的仿真机操作如图 7.2.9 所示，CODESYS SoftMotion Win V3 打开后请勿关闭，即可进行程序下载和验证，仿真机的使用时长为2h，超过 2h 后，在窗口会弹出 Shut Down 的提示，意味着需关闭该窗口并重新打开，方能继续使用。

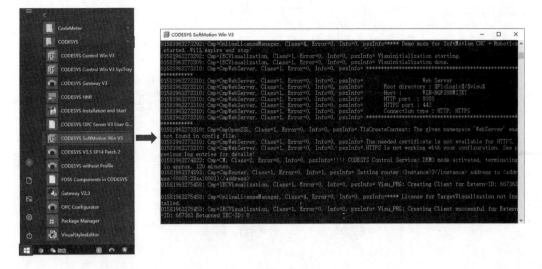

图 7.2.9　打开仿真机

（2）进行程序的下载和验证。下载并运行程序，打开视图，可发现 RotDrive 控件的指针变成被蓝色填充，此时表示系统已经准备就绪，如图 7.2.10 所示。可根据任务内容进行操作。

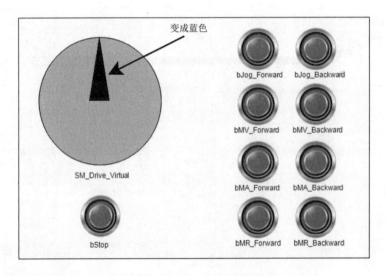

图 7.2.10　RotDrive 控件指针变成蓝色

7.2.2　单轴的回零控制

CODESYS 的单轴回零指令有 MC_Home 和 SMC_Homing 两个，MC_Home 为驱动器回零，SMC_Homing 为控制器回零，如果对回零精度要求很高则须使用 MC_Home。

MC_Home 用于伺服驱动器的回零，使用前需先配置伺服的回零方式、回零速度等，然后再通过程序出发 MC_Home 指令，其工作机制是通过 PLC 将伺服运行模块改为回零模式，并启动回零，等待伺服器回零完成后反馈完成信号，然后将模式切换为回零前的控制模式。对于绝对式编码器的伺服控制系统，用户可以通过 MC_Home 对伺服系统绝对零点的设定，然后再通过 MoveAbsolute 对伺服进行回零控制。由于驱动器回零与硬件息息相关，不一样的厂商伺服器回零的方式也不一样，本书不对 MC_Home 伺服器回零的方式做介绍。

SMC_Homing 用于控制器的回零，该指令的回零模式有六种，用户可根据实际情况进行选择合适的回零方式。本文主要介绍 SMC_Homing 伺控制器回零方式。

【任务名称】 单轴的回零控制。

【任务描述】 实现对单轴 AXIS 的回零控制，要求满足以下功能。

（1）通过 bForward 和 bBackward 点动按钮实现对轴的正反转移动，移动速度为 30 u/s，加减速度为 $1000u/s^2$。

（2）通过 bGoHome 回零启动按钮实现对轴的 SMC_Homing 回零控制，偏移值为 0，高速寻参速度为 30u/s，低速回零速度为 10u/s，加减速度为 $1000u/s^2$，回零运动方向为 negative，参考开关为 bOrigin 常闭开关，回零模式为模式 1。

（3）通过 bStop 紧急停机按钮实现对轴的紧急停止，加速度为 $1000u/s^2$。

【任务实施】

1. 指令介绍

SMC_Homing 用于实现控制器回零。SMC_Homing 功能块的使用说明，见表 7.2.7。

表 7.2.7 　　　　　　　　　　　　　SMC_Homing 功能块的使用说明

功能块	范围	引脚名称	说　明
	Inout	Axis	映射到轴
	Input	bExecute	True：开始执行
		fHomePosition	偏移坐标值。回零后将该值设置为参考位置
		fVelocitySlow	低速回零速度
		fVelocityFast	高速寻参速度
		fAcceleration	加速度，u/s^2
		fDeceleration	减速度，u/s^2
		fJerk	加加速度，u/s^3
		nDirection	negative：反向运行（默认） positive：正向运行
		bReferenceSwitch	参考开关
		fSignalDelay	参考开关延迟动作时间
		nHomingMode	回零模式（默认模式为：0）
		bReturnToZero	True：回零完成回到零点位置
		bIndexOccured	索引脉冲
		fIndexPosition	索引脉冲发生的位置
		bIgnoreHWLimit	True：bHWLimitEnable=False

续表

功能块	范围	引脚名称	说　明
SMC_Homing	Output	bDone	True：回零完成
		bBusy	True：功能块正在运行
		bCommandAborted	True：功能块出错
		bError	True：在执行过程中出错
		nErrorID	错误代码
		bStartLatchingIndex	True：估算部分回零模式的索引脉冲中

注　SMC_HOMING_MODE 数据类型说明：

0（FAST_BSLOW_S_STOP）：先以 fVelocityFast 快速寻找参考开关，参考开关动作后，反向以 fVelocitySlow 慢速离开参考开关，把该点设置成原点，停止。

1（FAST_BSLOW_STOP_S）：先以 fVelocityFast 快速寻找参考开关，参考开关动作后，反向以 fVelocitySlow 慢速离开参考开关，停止，把该点设置成原点。

2（FAST_BSLOW_I_S_STOP）：以 fVelocityFast 快速寻找参考开关，参考开关动作后，反向以 fVelocitySlow 慢速离开参考开关，等待索引脉冲结束，把该点设置成原点，停止。

4（FAST_SLOW_S_STOP）：先以 fVelocityFast 快速寻找参考开关，参考开关动作后，以 fVelocitySlow 慢速离开参考开关，把该点设置成原点，停止。

5（FAST_SLOW_STOP_S）：先以 fVelocityFast 快速寻找参考开关，参考开关动作后，以 fVelocitySlow 慢速离开参考开关，停止，把该点设置成原点。

6（FAST_SLOW_I_S_STOP）：以 fVelocityFast 快速寻找参考开关，参考开关动作后，以 fVelocitySlow 慢速离开参考开关，等待索引脉冲结束，把该点设置成原点，停止。

MC_Stop 用于将轴置于停止状态。 MC_Stop 功能块可中止其他功能块驱使的轴运动，且只要 Execute 输入为 True，轴就保持在停止状态，该状态下，其他功能块都不能对其执行运动（表 7.2.8）。

表 7.2.8　　　　　　　　　　　　MC_Stop 功能块的使用说明

功能块	范围	引脚名称	说　明
MC_Stop	Inout	Axis	映射到轴
	Input	Execute	True：执行功能块
		Deceleration	减速度
		Jerk	加加速度
	Output	Done	True：轴已停止
		Busy	True：轴正在停下
		Error	True ：在执行过程中出错
		ErrorID	错误代码

注　MC_Stop 用作紧急停机，在停止而又未完全停止的过程中，新的运动指令无法被执行，运动完全停止进入 StandStill 后才能执行新的运动指令；而 MC_Halt 则用作正常停机，在按下该按钮之后，在未完全停下来时执行新的运动指令，则将立即执行，无须等到完全停下。

MC_Reset 用于对轴的故障进行清除处理。当轴在运动过程中，出现了错误之后，将进入 State ErrorStop 状态，MC_Reset 指令可以让轴从 State ErrorStop 进入到 StandStill 状态，该指令不会影响别功能块的输出（表 7.2.9）。

表 7.2.9　　　　　　　　　　　　MC_Reset 功能块的使用说明

功能块	范围	引脚名称	说　明
	Inout	Axis	映射到轴
	Input	Execute	True：开始执行
	Output	bDone	True：复位完成
		bBusy	True：功能块正在运行
		bError	True：在执行过程中出错
		ErrorID	错误代码

2. 程序设计

　　本案例无法通过仿真机完成程序的验证，用户可根据题目的要求搭建硬件平台，将图 7.2.11 所示程序下载到控制器中实现控制。

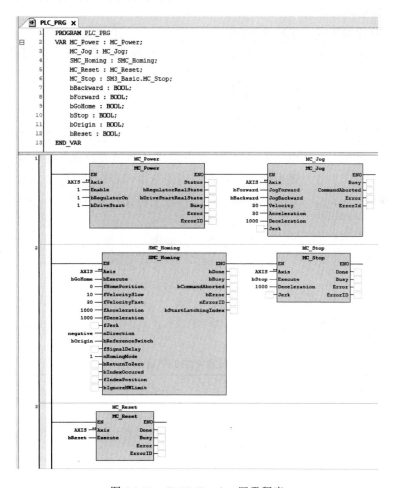

图 7.2.11　SMC_Homing 回零程序

7.3 双轴主从运动的控制

PLCopen 运动控制标准 Part1 和 Part2 将主从运动控制分为电子齿轮运动和电子凸轮运动。电子齿轮和电子凸轮可以大大地简化机械设计，而且可以实现许多机械齿轮与凸轮难以实现的功能。

电子齿轮概念来源于机械齿轮，由主轴和从轴通过齿轮进行联动，可以实现两个或多个运动轴按设定的齿轮比同步运动，这使得运动控制器在定长剪切和无轴转动的套色印刷方面有很好地应用。

电子凸轮概念来源于机械凸轮，由主轴和从轴通过凸轮进行联动，保持一个函数关系，与电子齿轮相比，电子凸轮中主轴和从轴的关系是非线性的，而电子齿轮的齿轮比为一个固定的值，为线性关系。电子凸轮则是主轴和从轴通过电气关联起来形成凸轮曲线，与机械凸轮相比，只需要更改设定值就可以更改主从轴的凸轮关系曲线，灵活且功能强大。

7.3.1 双轴的速度同步控制

【任务名称】 双轴的速度同步运动控制。

【任务描述】 定义两个主从虚轴，进行齿轮耦合，系统启动后，从轴以主轴速度的 2 倍运转。

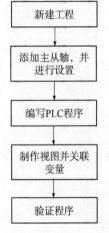

图 7.3.1 任务实施流程

【任务实施】

在运动控制过程中，有时需要控制两个电机按指定速度比同步运动，如同用主轴（主动电机）通过齿轮驱动从轴（从动电机），这样只要设定主从轴的齿数比并控制主轴运动，则从轴也会同步运动，齿轮速度同步运动不受主从轴的位置影响，只要经过耦合后，其速度将保持线性同步。

1. 任务实施流程

任务实施流程，如图 7.3.1 所示。

2. 指令介绍

MC_GearIn 用于将从轴耦合到主轴，并让主轴和从轴的速度按设定速度比运动。 MC_GearIn 功能块的使用说明，见表 7.3.1。

表 7.3.1 MC_GearIn 功能块的使用说明

功能块	范围	引脚名称	说 明
MC_GearIn Master AXIS_REF_SM3 — BOOL InGear Slave AXIS_REF_SM3 — BOOL Busy Execute BOOL — BOOL CommandAborted RatioNumerator DINT — BOOL Error RatioDenominator LDINT — SMC_ERROR ErrorID Acceleration LREAL Deceleration LREAL Jerk LREAL	Inout	Master	主轴
		Slave	从轴
	Input	Execute	True：开始执行

功能块	范围	引脚名称	说　明
	Input	RatioNumerator	齿轮传动比的分子（主轴）
		RatioDenominator	齿轮传动比的分母（从轴）
		Acceleration	加速度，u/s^2
		Deceleration	减速度，u/s^2
		Jerk	加加速度，u/s^3
	Output	InGear	True：耦合完成
		Busy	True：功能块正在运行
		CommandAborted	True：另一个轴指令中断了执行
		Error	True：在执行过程出错
		ErrorID	错误代码

MC_GearOut 用于将从轴进行解耦，与主轴脱离。MC_GearOut 功能块的使用说明，见表 7.3.2。

表 7.3.2　　　　　　　　　　　MC_GearOut 功能块的使用说明

功能块	范围	引脚名称	说　明
	Inout	Slave	从轴
	Input	Execute	True：开始执行
	Output	Done	True：从轴已经解耦
		Busy	True：功能块正在运行
		Error	True：在执行过程出错
		ErrorID	错误代码

3. 新建工程

新建工程，设备选择"CODESYS SoftMotion Win V3"，编程语言选择 LD。

4. 添加主从轴，并进行设置

（1）添加主从轴。先添加一个主轴，在设备树下选择"SoftMotion General Axis Pool"→"添加设备"，在弹出的"添加设备"对话框上，选择"虚拟驱动器"→"SM_Drive_Virtual"后，单击"添加设备"，此时"SM_Drive_Virtual"将添加到设备树"SoftMotion General Axis Pool"下方。以相同的方式再添加一个从轴，默认轴名为"SM_Drive_Virtual_1"。添加好两个轴后，将主轴"SM_Drive_Virtual"改名为

"Master"，从轴"SM_Drive_Virtual1"改名为"Slave"，改名操作如图7.3.2所示。

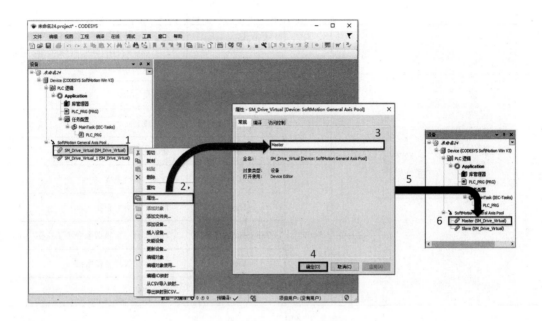

图7.3.2　主从轴改名操作

（2）设置主从轴。对主从轴的设置将默认值速度框修改成100，如图7.3.3所示。

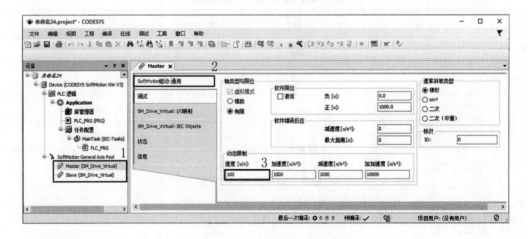

图7.3.3　设置主从轴速度

5. 编写 PLC 程序

双轴速度同步控制程序如图7.3.4所示。

6. 制作视图并关联变量

（1）制作视图。添加视图，并将按钮、标签、矩形框控件从工具箱里拖曳出来，直线轴 RotDrive 的控件通过以下方式寻找并拖曳出来，如图7.3.5所示。

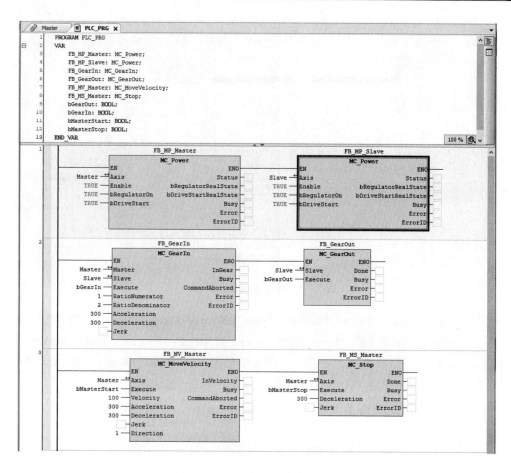

图 7.3.4 双轴速度同步控制程序

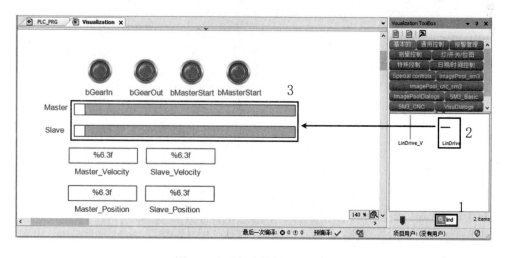

图 7.3.5 添加直线轴 RotDrive

（2）关联变量。LinDrive 控件拖曳出来时会自动弹出赋值参数<LinDrive>窗口，可按如图 7.3.6 操作进行 LinDrive 变量的关联。

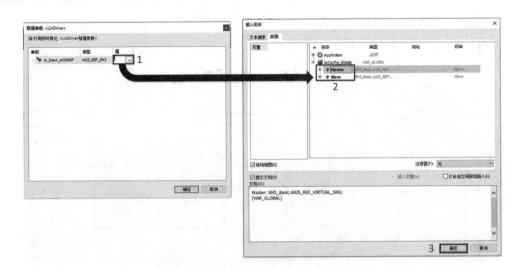

图 7.3.6　关联 LineDrive 变量

标签 Master_Velocity、Master_Position、Slave_Velocity、Slave_Position 上方的矩形框分别关联至 IoConfig_Globals 下的 Master.fActVelocity、Master.fActPosition、Slave.fActVelocity、Slave.fActPosition，其显示格式"%6.3f"（即 6 位宽度，小数点后为 3 位）；同时，将按钮根据如图 7.3.7 所示标签的内容进行定义，元素行为设定为"图像切换"。

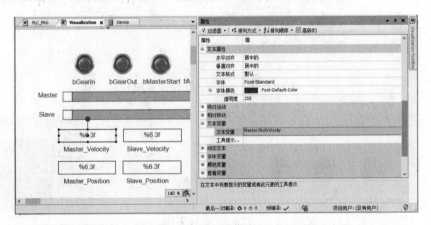

图 7.3.7　标签显示格式

7. 验证程序

下载并运行程序，打开视图，可发现 LinDrive 控件的指针变成被蓝色填充，此时表示系统已经准备就绪，可按如下操作步骤了解齿轮耦合工作的方式：

（1）先按下 bGearIn，再按下 bMasterStart 按钮，则 LinDrive 指针往右运动，并可以发现，Master 主轴的速度和位置总是为 Slave 从轴的速度和位置的两倍，如图 7.3.8 所示。

（2）按下 bMasterStop 按钮，主从轴均停下来，如图 7.3.9 所示。

（3）在停止状态下，按下 bGearOut 按钮，主从轴进行解耦。在主从轴解耦的状态下，按下 bMasterStart 按钮，则主轴运动，从轴并不运动，如图 7.3.10 所示。

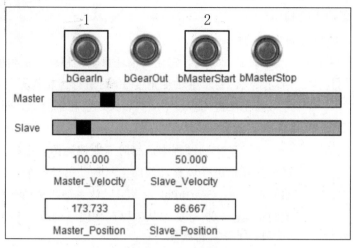

图 7.3.8　主从轴耦合

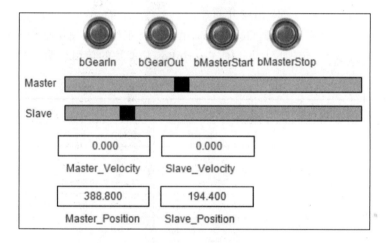

图 7.3.9　主从轴停止

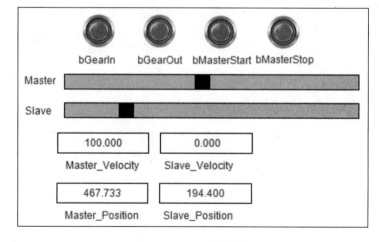

图 7.3.10　主从轴解耦

7.3.2 双轴的位置同步控制

【**实例名称**】 双轴的位置同步运动控制。

【**实例描述**】 定义两个主从虚轴做圆周运动，先让其中任意轴先移动一定角度后停止，然后启动系统，要求主轴在角度30°时进行齿轮位置同步调整，在50°进入齿轮位置同步，主从两轴实现齿轮耦合，后期实现同步运动。

```
┌─────────────┐
│  新建工程    │
└──────┬──────┘
       │
┌──────┴──────┐
│ 添加主从轴，并 │
│  进行设置    │
└──────┬──────┘
       │
┌──────┴──────┐
│ 编写PLC程序  │
└──────┬──────┘
       │
┌──────┴──────┐
│ 制作视图并关联 │
│   变量      │
└──────┬──────┘
       │
┌──────┴──────┐
│  验证程序    │
└─────────────┘
```

图 7.3.11 任务实施流程

【**任务实施**】

在运动控制过程中，有时需要控制两个电机在某个特定的位置进行开始进行调整，最终主从轴在另外一个特定的位置达运动的同步。MC_GearInPos 指令可以让主轴和从轴在设定的位置处实现同步运动，执行前主从轴可在任何运动或者 StandStill 状态下。

1. 任务实施流程

任务实施流程，如图 7.3.11 所示。

2. 指令介绍

MC_GearInPos 用于在特定位置处使从轴与主轴之间实现规定速度比。MC_GearInPos 功能块的使用说明，见表 7.3.3。

表 7.3.3   MC_GearInPos 功能块的使用说明

功能块	范围	引脚名称	说　明
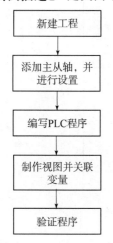	Inout	Master	主轴
		Slave	从轴
	Input	Execute	True：开始执行
		RatioNumerator	齿轮传动比的分子（主轴）
		RatioDenominator	齿轮传动比的分母（从轴）
		MasterSyncPosition	齿轮耦合时的主轴所处位置
		SlaveSyncPosition	齿轮耦合时的从轴所处位置
		MasterStartDistance	主从轴在 MasterSyncPosition-MasterStartDistance 进行同步调整，在 MasterSyncPosition 出完成齿轮耦合
		AvoidReversal	模数模式下有效 True：不允许反转 False：允许反转
	Output	StartSync	True：已启动命令传动
		InSync	True：齿轮耦合已完成
		Busy	True：功能块正在运行
		CommandAborted	True：指令已被别的指令中止
		Error	True：在执行过程出错
		ErrorID	错误代码

3. 新建工程

新建工程，设备选择"CODESYS SoftMotion Win V3"，编程语言选择 LD。

4. 添加主从轴，并进行设置

添加两个轴后，分别将主从轴的名称设置为"Master""Slave"。主从轴的设置均按图 7.3.12 内容进行设置。

图 7.3.12　主从轴设置

5. 编写 PLC 程序

双轴位置同步示例程序，如图 7.3.13 所示。

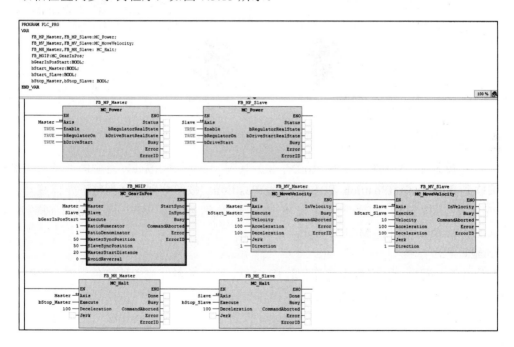

图 7.3.13　双轴位置同步示例程序

6. 制作视图并关联变量

（1）制作视图。添加视图，并将按钮、标签、矩形框和 RotDrive 控件从工具箱里拖曳出来并做如图 7.3.14 所示的修改。

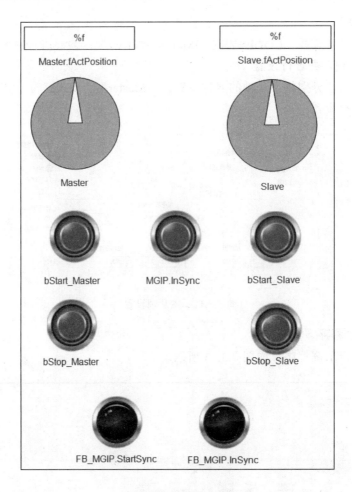

图 7.3.14　制作视图

（2）关联变量。分别将主从轴 RotDrive 关联到 Master 和 Slave，对应的上方的矩形框变量关联到 Master.fActPosition 和 Slave.fActPosition；按钮分别关联到与下方标签元素对应的变量上，按钮的元素行为均设置为"图像切换"；两个指示灯分别关联到 FB_MGIP.StartSync 和 FB_MGIP.InSync。

7.　验证程序

下载并运行程序，打开视图，可发现 RotDrive 控件的指针变成被蓝色填充，此时表示系统已经准备就绪，可按如图 7.3.15 所示操作步骤了解齿轮位置同步控制的工作方式：

（1）先按下 bStart_Master 和 bStart_Slave 按钮，让主从轴走到任意一个位置，并停下主从轴。

（2）先按下 MGIP.InSync 按钮，再 bStart_Master 按钮，可发现主轴开始顺时针转动，当转动到 30° 的时候，MGIP.StartSync 指示灯亮，此时进入开始同步调整的状态，从轴开始快速跟进；主轴保持转动，当到达 50° 到时候，从轴也到达 50°，此时主从轴齿轮耦合，两轴进入同步运动状态，MGIP.InSync 指示灯亮，如图 7.3.15 所示。需要注意的是，只有主从轴同时处于 StandStill 状态下，MC_GearInPos 指令才生效。

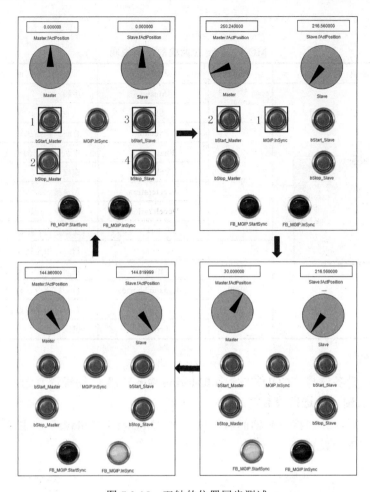

图 7.3.15　双轴的位置同步测试

7.3.3　双轴的相位同步控制

【实例名称】　双轴的相位同步运动控制。

【实例描述】　定义两个主从虚轴做圆周运动，让两个轴移先后开始转动，然后启动相位同步，要求在主从轴最终保持 90°相位差的方式运动。

【任务实施】

在运动控制过程中，有时需要控制两个电机在保持恒定的项目做同步运动。MC_Phasing 指令可以让主轴和从轴之间保持恒定的相移，执行前主从轴可在任何运动或者 StandStill 状态下。

1. 任务实施流程

任务实施流程，如图 7.3.16 所示。

2. 指令介绍

MC_Phasing 用于按恒定相位关系，将从轴耦合到主轴。 MC_Phasing 功能块的使用说

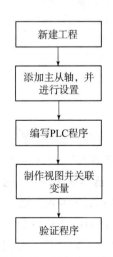

图 7.3.16　任务实施流程

明，见表 7.3.4。

表 7.3.4   MC_Phasing 功能块的使用说明

功能块	范围	引脚名称	说　明
MC_Phasing Master AXIS_REF_SM3 BOOL Done Slave AXIS_REF_SM3 BOOL Busy Execute BOOL BOOL CommandAborted PhaseShift LREAL BOOL Error Velocity LREAL SMC_ERROR ErrorID Acceleration LREAL Deceleration LREAL Jerk LREAL	Inout	Master	主轴
		Slave	从轴
	Input	Execute	True：开始执行
		PhaseShift	主从轴之间的相位差 u
		Velocity	速度，u/s
		Acceleration	加速度，u/s²
		Deceleration	减速度，u/s²
		Jerk	加加速度，u/s³
	Output	Done	True：相位同步实现
		Busy	True：功能块正在运行
		CommandAborted	True：命令已被别的命令中止
		Error	True：在执行过程出错
		ErrorID	错误代码

3. 新建工程

新建工程，设备选择"CODESYS SoftMotion Win V3"，编程语言选择 LD。

4. 添加主从轴，并进行设置

添加两个轴后，分别将主从轴的名称设置为"Master""Slave"。主从轴的设置均按如图 7.3.17 内容进行设置。

图 7.3.17   主从轴设置

5. 编写 PLC 程序

双轴相位同步控制程序如图 7.3.18 所示。

6. 制作视图并关联变量

（1）制作视图。添加视图，并将按钮、标签、矩形框和 RotDrive 控件从工具箱里拖曳出来并做如图 7.3.19 所示修改。

（2）关联变量。分别将主从轴 RotDrive 关联到 Master 和 Slave，对应的上方的矩形框变量关联到 Master.fActPosition 和 Slave.fActPosition；按钮分别关联到与下方标签元素对应的变量上，按钮的元素行为均设置为"图像切换"；指示灯变量关联到 FB_Phasing.Busy。

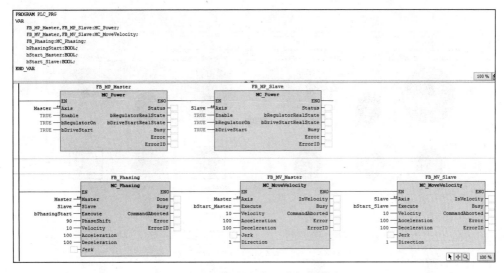

图 7.3.18　双轴相位同步控制程序

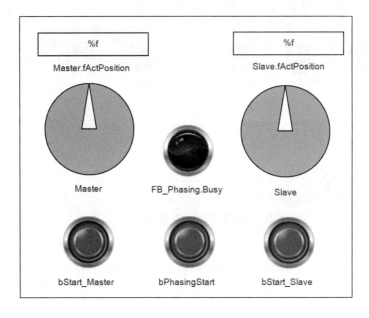

图 7.3.19　制作视图

7. 验证程序

下载并运行程序，打开视图，可发现 RotDrive 控件的指针被蓝色填充，此时表示系统已经准备就绪，可按如下操作步骤了解相位同步控制的工作方式：

先按下 bStart_Master 和 bStart_Slave 按钮，让主从轴随机走到任意位置，按下按钮 bPhasing.Start，MC_Phasing 功能块工作，指示灯 FB_Phasing.Busy 点亮，两轴开始调整相位差，当相位差达到 90°时，指示灯 FB_Phasing.Busy 熄灭，此时表示相位同步运动开始，两轴始终保持相同的相位差运转，双轴相位同步控制的操作示意如图 7.3.20 所示。

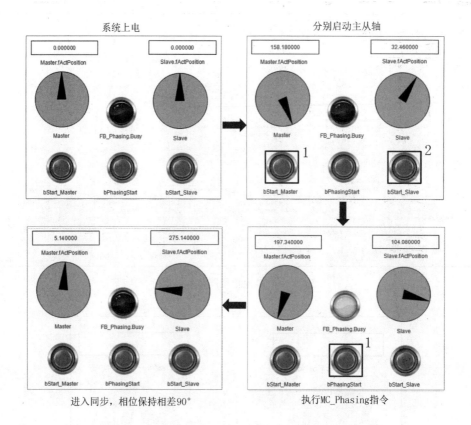

图 7.3.20 双轴相位同步控制

7.3.4 双轴的凸轮运动控制

【任务名称】 双轴的凸轮运动控制。

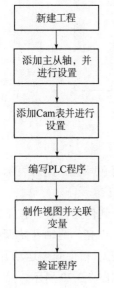

图 7.3.21 任务实施流程

【任务描述】 定义两个主从两个虚轴，进行凸轮耦合，按下启动按钮，主轴不停做圆轴运动 0～360u，主轴每旋转 1 圈，从轴的位置变化为 0～250u。挺杆在主轴的模位置 150～210u、330～360u 的区间内，均有输出动作。

【任务实施】

在运动控制过程中，有时需要控制两个电机在按某种凸轮曲线的关系协同运动，这将要求主从轴之间进行电子凸轮的控制。凸轮曲线可以采用多种描述方式，最常见的是采用两维表格分别描述主从轴的值。

1. 任务实施流程

任务实施流程，如图 7.3.21 所示。

2. 指令介绍

MC_CamIn 功能块实现了一个选定的凸轮表轨迹。MC_CamIn 功能块的使用说明，见表 7.3.5。

表 7.3.5   MC_CamIn 功能块的使用说明

功能块	范围	引脚名称	说 明
MC_CamIn Master AXIS_REF_SM3　BOOL InSync Slave AXIS_REF_SM3　BOOL Busy Execute BOOL　BOOL CommandAborted MasterOffset LREAL　BOOL Error SlaveOffset LREAL　SMC_ERROR ErrorID MasterScaling LREAL　BOOL EndOfProfile SlaveScaling LREAL　SMC_TappetData Tappets StartMode MC_StartMode CamTableID MC_CAM_ID VelocityDiff LREAL Acceleration LREAL Deceleration LREAL Jerk LREAL TappetHysteresis LREAL	Inout	Master	主轴
		Slave	从轴
	Input	Execute	True：开始执行
		MasterOffset	主轴表格的偏移
		SlaveOffset	从轴表格的偏移
		MasterScaling	主轴比例系数
		SlaveScaling	从轴比例系数
		StartMode	启动模式 1：absolute 2：relative 3：ramp_in 4：ramp_in_pos 5：ramp_in_neg
		CamTableID	与 MC_CamTableSelect 指令的输出 CamTableID 连接
		VelocityDiff	ramp_in 模式的速度差，u/s
		Acceleration	加速度，u/s²
		Deceleration	减速度，u/s²
		Jerk	加加速度，u/s³
		TappetHysteresis	挺杆的滞后值，u
	Output	InSync	True：主从轴已进行凸轮耦合
		Busy	True：功能块在执行
		CommandAborted	True：命令已被别的命令中止
		Error	True：功能块内部出错
		ErrorID	错误代码
		EndOfProfile	True：在 CAM 编译周期结束
		Tappets	与 SMC_GetTappetValue 功能块的输入 Tappets 连接

MC_CamOut 用于将从轴与主轴凸轮解耦。MC_CamOut 功能块的使用说明，见表 7.3.6。

表 7.3.6   MC_CamOut 功能块的使用说明

功能块	范围	引脚名称	说 明
MC_CamOut Slave AXIS_REF_SM3　BOOL Done Execute BOOL　BOOL Busy 　BOOL Error 　SMC_ERROR ErrorID	Inout	Slave	从轴
	Input	Execute	True：开始执行
	Output	Done	True：凸轮已脱离
		Busy	True：功能块正在执行
		Error	True：在执行过程出错
		ErrorID	错误代码

MC_CamTableSelect 功能块在通过设置与相关表的连接来选择凸轮表。MC_CamTableSelect 功能块的使用说明见表 7.3.7。

表 7.3.7　　　　　　　　　　MC_CamTableSelect 功能块的使用说明

功能块	范围	引脚名称	说　明
	Inout	Master	主轴
		Slave	从轴
		CamTable	所选的 Cam 表
	Input	Execute	上升沿：开始执行功能块
		Periodic	True：定期 False：非定期
		MasterAbsolute	True：绝对 False：相对坐标
		SlaveAbsolute	True：绝对 False：相对坐标
	Output	Done	True：预选已完成
		Busy	True：功能块正在执行
		Error	True：在执行过程出错
		ErrorID	错误代码
		CamTableID	凸轮表的标识符

功能块图：
MC_CamTableSelect
Master AXIS_REF_SM3 — BOOL Done
Slave AXIS_REF_SM3 — BOOL Busy
CamTable MC_CAM_REF — BOOL Error
Execute BOOL — SMC_ERROR ErrorID
Periodic BOOL — MC_CAM_ID CamTableID
MasterAbsolute BOOL
SlaveAbsolute BOOL

SMC_GetTappetValue 用于获取 MC_CamIn 指令的 Tappets 输出，当其值与 iID 一致，则将输出 bTappet。 SMC_GetTappetValue 功能块的使用说明见表 7.3.8。

表 7.3.8　　　　　　　　　　SMC_GetTappetValue 功能块的使用说明

功能块	范围	引脚名称	说　明
	Inout	Tappets	Tappets 信号
	Input	iID	Tappets 的 ID
		bInitValue	Tappets 的初始值
		bSetInitValueAtReset	True：启动 MC_CamIn 时将 bTappet 的值赋予 bInitValue False：启动 MC_CamIn 功能块时保留原有 bInitValue 值
	Output	bTappet	True：bTappet 开关有输出

功能块图：
SMC_GetTappetValue
Tappets SMC_TappetData — BOOL bTappet
ID INT
bInitValue BOOL
bSetInitValueAtReset BOOL

图 7.3.22　添加主从轴

3. 新建工程

新建工程，设备选择"CODESYS SoftMotion Win V3"，编程语言选择 CFC。

4. 添加主从轴，并进行设置

（1）添加主从轴。添加主从轴，并将主从轴的名字分别改为"Master"和"Slave"，如图 7.3.22 所示。

（2）对主从轴并进行参数设置。双击主从轴，分别对主从轴的"SoftMotion 驱动：通用"进行如图 7.3.23 的设置。

5. 添加 Cam 表并进行设置

（1）添加 Cam 表，如图 7.3.24 所示。

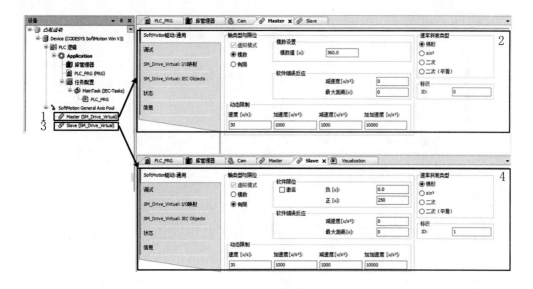

图 7.3.23 设置主从轴

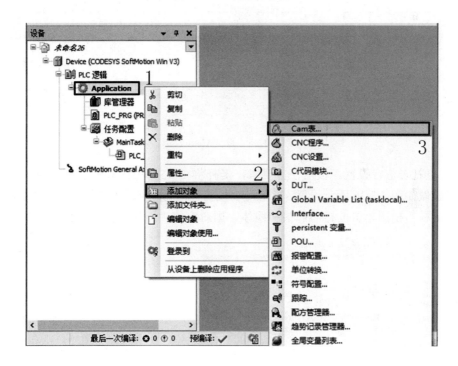

图 7.3.24 添加 Cam 表

（2）对 Cam 表和挺杆表进行设置。

1）对 Cam 表进行设置。当对 Cam 表做了相应的设置时，对应"Cam"的曲线会自动跟着变化，如图 7.3.25 所示；也可以在曲线（从轴位移、从轴速度、从轴加速度、从轴加加速度）中找到对应的点进行拖曳，曲线图会相应发生变化，同时"Cam 表"对应的数值也会随着发生变化。

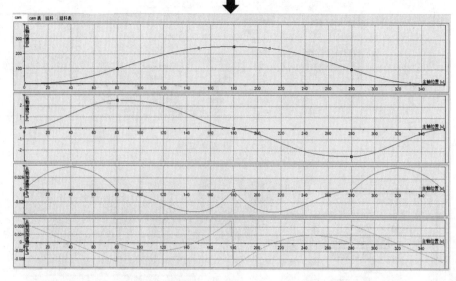

	X	Y	V	A	J	段类型	最小(位置)	最大(位置)	最大(|速度|)	最大(|加速度|)
	0	0	0	0	0					
⊕						Poly5	0	100	2.5	0.046875
☷	80	100	2.5	0	0					
⊕						Poly5	100	250	2.5	0.044444444444444439
☷	180	250	0	0	0					
⊕						Poly5	100	250	2.5	0.044444444444444146
☷	280	100	-2.5	0	0					
⊕						Poly5	0	100	2.5	0.046875
	360	0	0	0	0					

图 7.3.25　设置 Cam 表

2）对挺杆表进行设置。根据任务要求，挺杆将在 150～210u 和 330～360u 打开，则可对挺杆表做如图 7.3.26 所示设置，当挺杆表设置好后，相应的"挺杆"视图也将定义好；如果在"挺杆"视图单击挺杆的箭头和线体，则对应的"挺杆表"的内容也会发生变化。

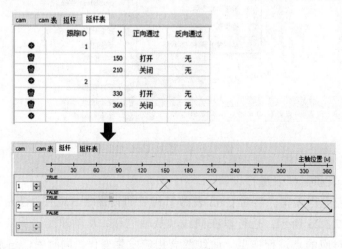

图 7.3.26　设置挺杆表

6. 编写 PLC 程序

根据任务内容编写如图 7.3.27 所示 PLC 程序，相关的指令的使用方法可以选择对应的功能块，右击选择"浏览-转到定义"。

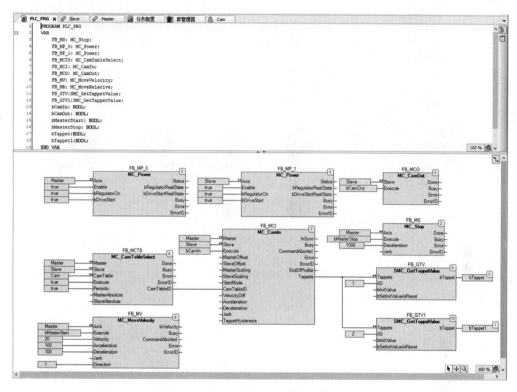

图 7.3.27　双轴凸轮运动控制示例程序

7. 制作视图并关联变量

RotDrive 控件关联到主轴 Master 变量；LinDrive 控件关联到从轴 Slave 变量；标签 Master_Velocity、Master_Position、Slave_Velocity、Slave_Position 上方的矩形框分别关联至 IoConfig_Globals 下的 Master.fActVelocity、Master.fActPosition、Slave.fActVelocity、Slave.fActPosition，其显示格式"%6.3f"（即 6 位宽度，小数点后为 3 位）;按钮根据下方标签的内容进行定义，元素行为设定为"图像切换"。指示灯根据下方的标签的内容进行定义，制作视图如图 7.3.28 所示。

8. 验证程序

下载并运行程序,打开视图,可发现 RotDrive 和 LinDrive 控件的指针变成被蓝色填充,此时表示系统已经准备就绪,可按如下操作步骤了解凸轮耦合工作的方式:

（1）先按下 bCamIn，再按下 bMasterStart 按钮，则 RotDrive 和 LinDrive 的指针开始移动，主轴 RotDrive 不停地做圆轴运动，而从轴 LinDrive 则做下上往返运动，两者的位移等关系遵循"Cam"曲线内容，如图 7.3.29 所示。

（2）当主轴 RotDrive 的处于 150～210u、330～360u 时，对应的 bTappet 和 bTappet1 指示灯分别会亮，图 7.3.29 所示。

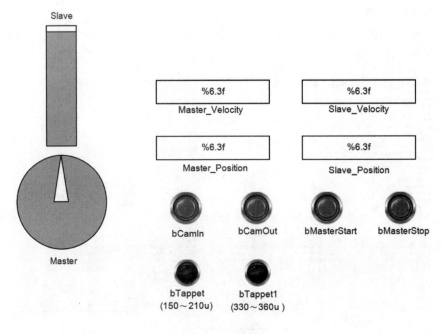

图 7.3.28　制作视图

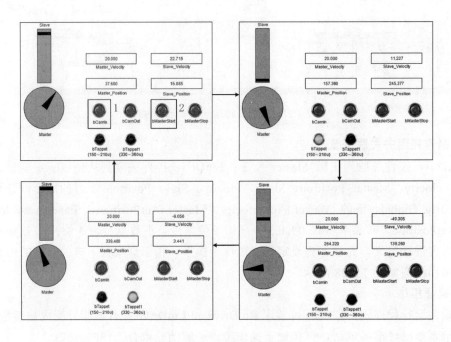

图 7.3.29　主从轴凸轮耦合

（3）按下 bMasterStop 按钮，主从轴均停下来，如图 7.3.30 所示。

（4）在停止状态下，按下 bGearOut 按钮，主从轴进行解耦。在主从轴解耦的状态下，按下 bMasterStart 按钮，则主轴运动，从轴并不运动；当走到挺杆区间的时候，挺杆指示灯也不会亮，如图 7.3.31 所示。

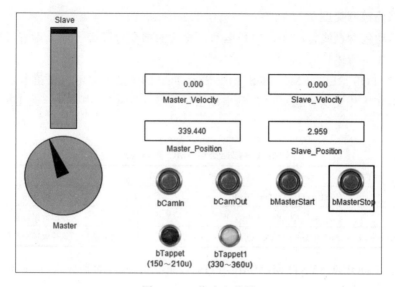

图 7.3.30　停止主从轴

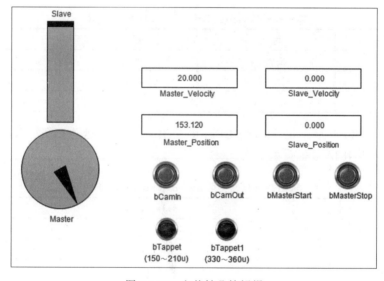

图 7.3.31　主从轴凸轮解耦

7.4　轴组插补运动的控制

插补，即机床数控系统依照一定方法确定刀具运动轨迹的过程，也可以说，已知曲线上的某些数据，按照某种算法计算已知点之间的中间点的方法，也称为"数据点的密化"；数控装置根据输入的零件程序的信息，将程序段所描述的曲线的起点、终点之间的空间进行数据密化，从而形成要求的轮廓轨迹，这种"数据密化"机能就称为"插补"。一个零件的轮廓往往是多种多样的，有直线，有圆弧，也有可能是任意曲线，样条线等。数控机床的刀具往往是不能以曲线的实际轮廓去走刀的，而是近似地以若干条很小的直线去走刀，走刀的方向一般是 X 和 Y 方向。插补方式有：直线插补、圆弧插补、抛物线插补、样条线插补等。

7.4.1　轴组共有数据类型

轴组的运动包含直线、圆弧、PTP 运动，相关的指令管脚有一部分为三者共有，对相同管脚的定义如下所述。

（1）SMC_POS_REF。SMC_POS_REF 表示 TCP 的位置，它可以在笛卡尔坐标系（X，Y，Z，A，B，C）中定义，也可以在轴坐标系（A0，…，A5）中定义，为 UNION 数据类型（表 7.4.1）。

表 7.4.1　　　　　　　　轴组共有数据类型 SMC_POS_REF

名称	数 据 类 型	解 释
a	TRAFO.AXISPOS_REF	轴坐标
c	MC_COORD_REF	笛卡尔位置
v	ARRAY [0..（SMC_RCNST.MAX_AXES - 1）] OF LREAL	值的数组，解释取决于所使用的坐标系

（2）SMC_COORD_SYSTEM。SMC_POS_REF 表示位置的坐标系，为 ENUM 数据类型（表 7.4.2）。

表 7.4.2　　　　　　　轴组共有数据类型 SMC_COORD_SYSTEM

名 称	内 容	名 称	内 容
ACS	轴坐标系	PCS_1	产品坐标系 1
MCS	机器坐标系	PCS_2	产品坐标系 2
WCS	世界坐标系	TCS	工具坐标系

（3）MC_BUFFER_MODE。MC_BUFFER_MODE 表示将运动命令插入命令的运动队列中的方法，为 ENUM 数据类型（表 7.4.3）。

表 7.4.3　　　　　　　轴组共有数据类型 MC_BUFFER_MODE

名 称	内 容
Aborting	立刻启动后一功能块的运行（默认模式）
Buffered	当前功能块的运动完成后启动后一功能块
BlendingLow	后一功能块的速度根据前后两个功能块的低速混成
BlendingPrevious	后一功能块的速度根据前后两个功能块的前一个功能块混成
BlendingNext	后一功能块的速度根据前后两个功能块的后一个功能块混成
BlendingHigh	后一功能块的速度根据前后两个功能块的高速混成

（4）MC_TRANSITION_MODE（ENUM）。MC_TRANSITION_MODE 表示混合连续的运动模式，为 ENUM 数据类型（表 7.4.4）。

（5）SMC_ORIENTATION_MODE （ENUM）。SMC_ORIENTATION_MODE 表示如何为 CP 运动插补定向，为 ENUM 数据类型（表 7.4.5）。

（6）SMC_Movement_Id。SMC_Movement_Id 表示运动的标识符，轴组的每次运动都会收到唯一的非零标识符（除非发生溢出，否则至少要经过 2^{64} 次移动），为 ULINT 数据类型。

表 7.4.4   **轴组共有数据类型 MC_TRANSITION_MODE**

名 称	内 容
TMNone	不插入过渡的轮廓线（默认模式）
TMStartVelocity	以启动速度的过渡。在 PTP（Point-To-Point movement）运动的情况下，根据两个原始运动的先前计算轨迹确定截止点。第一个过渡参数（在 0～1 之间选择）指定要削减的减速/加速斜坡的时间部分。对于 CP（Continuous Path movement）运动，我们在朝向顶点的原始路径上模拟了一个减速斜坡，并在远离顶点的地方模拟了一个加速斜坡。 TransitionParameter [0]再次作为一个因素，但不是时间，而是与路径长度有关：值 1 表示减速斜坡的开始和加速斜坡的结束； 值 0.5 表示介于两者之间的一半。在 CP 运动的情况下，第二个过渡参数指定混合元素可能具有的最小曲率半径
TMCornerDistance	用给定转角距离过渡。第一个过渡参数指定在拐角之前和拐角处切割的路径的长度。 在 CP 运动的情况下，第二个过渡参数指定混合元素可能具有的最小曲率半径

表 7.4.5   **轴组共有数据类型 SMC_ORIENTATION_MODE**

名 称	内 容
GreatCircle	沿着最短路径从起始方向插值到目标方向。即使起点和目标方向位于工作空间中，此插补模式也可能会离开工作空间
Axis	定向轴在轴空间中从其起始值插入到其目标值。此模式可用于在方向的奇异点之间移动。并非所有的运动学转换都支持此模式

（7）SMC_Homing。SMC_Homing 用于实现控制器回零。SMC_Homing 功能块的使用说明，见表 7.4.6。

表 7.4.6   **SMC_Homing 功能块的使用说明**

功能块	范 围	引脚名称	说 明
	Inout	Axis	映射到轴
	Input	bExecute	True：开始执行
		fHomePosition	偏移坐标值。回零后将该值设置为参考位置
		fVelocitySlow	低速回零速度
		fVelocityFast	高速寻参速度
		fAcceleration	加速度，u/s^2
		fDeceleration	减速度，u/s^2
		fJerk	加加速度，u/s^3
		nDirection	negative：反向运行（默认） positive：正向运行
		bReferenceSwitch	参考开关
		fSignalDelay	参考开关延迟动作时间
		nHomingMode	回零模式（默认模式为：0）
		bReturnToZero	True：回零完成回到零点位置
		bIndexOccured	索引脉冲

续表

功能块	范　围	引脚名称	说　明
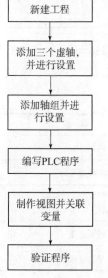	Input	fIndexPosition	索引脉冲发生的位置
		bIgnoreHWLimit	True：bHWLimitEnable=False
	Output	bDone	True：回零完成
		bBusy	True：功能块正在运行
		bCommandAborted	True：功能块出错
		bError	True：在执行过程中出错
		nErrorID	错误代码
		bStartLatchingIndex	True：估算部分回零模式的索引脉冲中

7.4.2　轴组直线运动控制

【任务名称】　三轴的直线运动控制。

【任务描述】　定义三个虚轴，并关联成轴组，进行直线运动，按下启动按钮，三轴坐标移动到[X,Y,Z]=[100,100,100]的位置后停下，绘制出直线轨迹。

【任务实施】

1. 任务实施流程

任务实施流程，如图 7.4.1 所示。

2. 指令介绍

直线运动的指令为 MC_MoveLinearAbsolute/MC_MoveLinearRelative，该功能块命令轴组线性移动到指定坐标系中的绝对/相对位置。功能块的使用说明，见表 7.4.7。

MC_GroupEnable 用于将组的 GroupDisabled 状态更改为 GroupStandby 状态。这是管理性 FB，不会产生运动。功能块的使用说明，见表 7.4.8。

3. 新建工程

设备选择"CODESYS SoftMotion Win V3"，编程语言选择 LD。

图 7.4.1　任务实施流程

（流程图）
新建工程
↓
添加三个虚轴，并进行设置
↓
添加轴组并进行设置
↓
编写PLC程序
↓
制作视图并关联变量
↓
验证程序

表 7.4.7　　MC_MoveLinearAbsolute/MC_MoveLinearRelative 功能块的使用说明

功能块	范围	名　称	内　容
（功能块图 MC_MoveLinearRelative）	Inout	AxisGroup	轴组
	Input	Execute	上升沿：启动功能块
		Position	在特定坐标系统中终点位置
		Velocity	速度，u/s
		Acceleration	加速度，u/s²
		Deceleration	减速度，u/s²

功能块	范围	名　称	内　容
	Input	Jerk	加加速度，u/s³
		CoordSystem	参考坐标系统
		BufferMode	定义 FB 相对于前一个块的时间顺序
		TransitionMode	混合缓冲模式
		TransitionParameter	混合参数
		OrientationMode	插补方向的模式
		VelFactor	速度系数，值在处于[0，1]之间
		AccFactor	加速度系数，值在处于[0，1]之间
		JerkFactor	加加速度系数，值在处于[0，1]之间
	Output	Done	True：所有轴到达终点
		Busy	True：未执行完毕
		Active	True：功能块已在控制轴组
		CommandAborted	指令未被别的指令终止
		CommandAccepted	指令被所有轴接收
		Error	True：在执行过程中出错
		ErrorID	错误代码
		MovementId	运动识别码，CommandAccepted 和 Done 为 True 时产生

表 7.4.8　　　　　MC_GroupEnable 功能块的使用说明

功能块	范围	名　称	内　容
	Inout	AxisGroup	轴组
	Input	Execute	上升沿：启动功能块
		CompatibilityOptions	使 SoftMotion Robotics 的行为与以前的版本兼容
	Output	Done	True：轴组处于 GroupStandby 状态
		Busy	True：未执行完毕
		Error	True：在执行过程中出错
		ErrorID	错误代码

图 7.4.2　添加三个虚轴

4. 添加三个虚轴并进行设置

（1）添加三个轴，并将轴的名称设置为"Axis_X""Axis_Y"和"Axis_Z"，如图 7.4.2 所示。

（2）对三个虚轴并进行参数设置。分别双击三个虚轴，并对三个轴的"SoftMotion 驱动：通用"进行如图 7.4.3 的设置。

5. 添加轴组并进行设置

（1）添加轴组，如图 7.4.4 所示。

（2）对轴组进行设置。

1）选择运动学模型。不一样的运动学模型，会有不同的参数设置。如图 7.4.5 所示操作来选择运动学模型，本案例选择的运动学模型为"TRAFO.Kin_Gantry3"。

图 7.4.3　设置虚轴

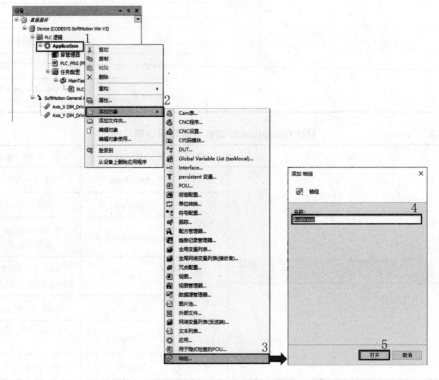

图 7.4.4　添加轴组

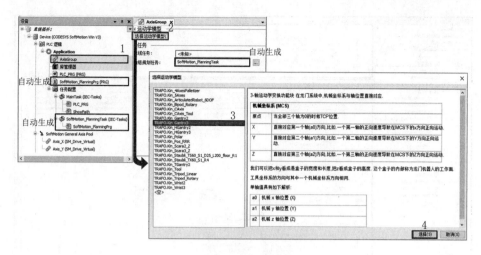

图 7.4.5 设置运动学模型

2）轴关联和任务关联。轴关联意味着运动学模型的三个轴分别与新建的轴驱动器进行关联，任务关联意味着在何时调用轴组任务，如图 7.4.6 所示。

图 7.4.6 设置轴和任务关联

6. 编写 PLC 程序

根据任务内容编写如图 7.4.7 所示 PLC 程序，相关的指令的使用方法可以选择对应的功能块，单击鼠标右键，选择"浏览"→"转到定义"，需要注意的是，需要对 jerk 进行赋值，否则功能块"FB_GroupEnable"将会发出错误提示。

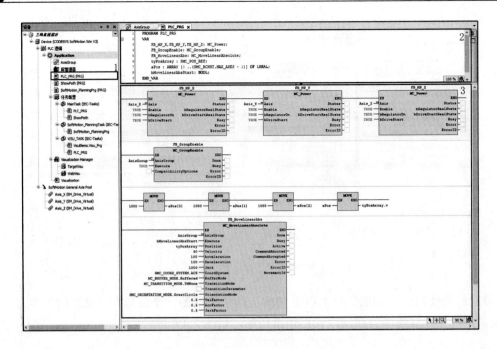

图 7.4.7　PLC 程序

如图 7.4.8 为直线的 3D 轨迹显示程序，轨迹程序在调用功能块 SMC_PositionTracker 时如果没有添加视图就先编译会发生 43 个错误，这时只要添加视图后再编译就不会出现之前的错误。

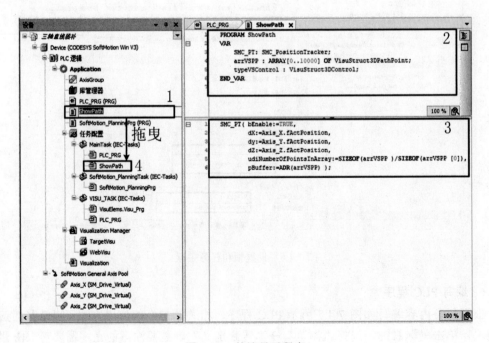

图 7.4.8　轨迹显示程序

7. 制作视图并关联变量

（1）制作视图。将各个控件从工具箱里拖曳出来，其中路径 3D 和 ControlPanel 在工具箱中的位置如图 7.4.9 所示。

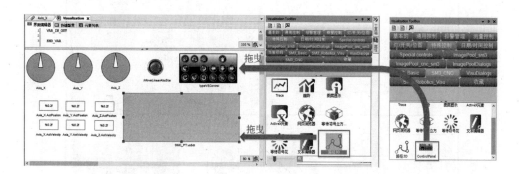

图 7.4.9　制作视图

（2）关联变量。RotDrive 控件、矩形框关联到各自下方标签对应的变量上；按钮根据图 7.4.10 所示标签进行变量关联，"元素行为"设定为"图像切换"；ControlPanel 属性的"引用"→"VisuElem3DPath.ControlPanel"→"vc"关联到"ShowPath.typeVSControl"；路径 3D 属性的"跟踪描述"→"跟踪数据"关联到"ShowPath.SMC_PT.vs3dt"，"控制"→"控制数据"关联到"ShowPath.typeVSControl"。

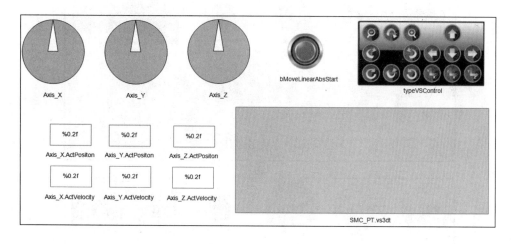

图 7.4.10　变量关联

8. 验证程序

下载并运行程序，打开视图，可发现 RotDrive 控件的指针被蓝色填充，此时表示系统已经准备就绪，可按如图 7.4.11 操作步骤对程序进行验证。若要求每次按下去，都以当前点作为起始点做直线运动，则应该使用 MC_MoveLinearRelative 指令，其使用方法与 MC_MoveLinearAbsolute 指令完全一致。

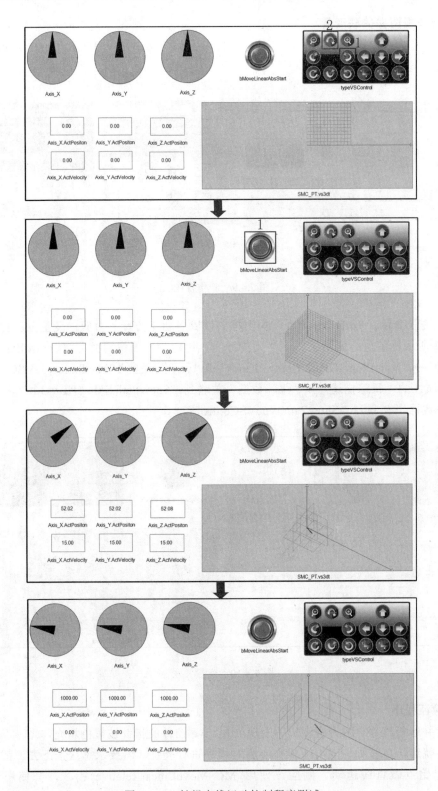

图 7.4.11　轴组支线运动控制程序测试

7.4.3 轴组圆弧运动控制

【任务名称】 三轴的圆弧运动控制。

【任务描述】 定义三个虚轴，并关联成轴组，进行圆弧运动，按下启动按钮，从原点出发，运动到以三轴坐标到[X, Y, Z]=[100,100,100]为圆心，以[200,100,100]为终点的位置，绘制出圆弧轨迹。

【任务实施】

1. 任务实施流程

任务实施流程，如图 7.4.12 所示。

2. 指令介绍

SMC_GroupPower 功能块允许给轴组中的所有轴上电，该功能块不依赖于轴组的状态，也不影响轴组的状态。例如，可以在轴组仍处于 GroupDisabled 状态时调用它，输出状态变为 True 后，组状态仍将为 GroupDisabled。SMC_GroupPower 功能块的使用说明，见表 7.4.9。

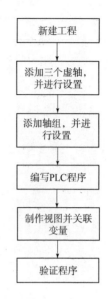

图 7.4.12 任务实施流程

表 7.4.9　　　　　　　　　　　SMC_GroupPower 功能块的使用说明

功能块	范围	名称	内容
	Inout	AxisGroup	轴组
	Input	Enable	True：功能块执行
		bRegulatorOn	True：启用轴
		bDriveStart	True：禁用快速停止
	Output	Status	True：轴已准备好
		Busy	True：功能块正在执行
		Error	True：在执行过程中出错
		ErrorID	错误代码

```
         SMC_GroupPower
─AxisGroup  Axis_Group_Ref_SM3
─Enable BOOL              BOOL Status─
─bRegulatorOn BOOL        BOOL Busy─
─bDriveStart BOOL         BOOL Error─
                   SMC_ERROR ErrorID─
```

圆弧运动的指令包括 MC_MoveCircularAbsolute/MC_MoveCircularRelative，该功能块命令轴组圆周运动到指定坐标系中的绝对/相对位置，其功能块使用说明，见表 7.4.10。

表 7.4.10　　MC_MoveCircularAbsolute/MC_MoveCircularRelative 功能块的使用说明

功能块	范围	名称	内容
	Inout	AxisGroup	轴组

续表

功能块	范　围	名　称	内　容
	Input	Execute	上升沿：启动功能块
		CircMode	指定输入 AuxPoint 和 CircDirection 的含义
		AuxPoint	指定坐标系中的辅助点
		EndPoint	指定坐标系中的终点位置
		PathChoice	路径有 clockwise、counter-clockwise
		Velocity	速度，u/s
		Acceleration	加速度，u/s^2
		Deceleration	减速度，u/s^2
		Jerk	加加速度，u/s^3
		CoordSystem	参考坐标系统
		BufferMode	定义 FB 相对于前一个块的时间顺序
		TransitionMode	混合缓冲模式
		TransitionParameter	混合参数
		OrientationMode	插补方向的模式
		VelFactor	速度系数，值在处于[0，1]之间
		AccFactor	加速度系数，值在处于[0，1]之间
		JerkFactor	加加速度系数，值在处于[0，1]之间
	Output	Done	True：所有轴到达终点
		Busy	True：未执行完毕
		Active	True：功能块已在控制轴组
		CommandAborted	指令未被别的指令终止
		CommandAccepted	指令被所有轴接受
		Error	True：在执行过程中出错
		ErrorID	错误代码
		MovementId	运动识别码，CommandAccepted 和 Done 为 True 时产生

　　MC_MoveCircularAbsolute/MC_MoveCircularRelative 的 CircMode 管脚示弧段的描述方式，为 SMC_CIRC_MODE （ENUM）数据类型。根据输入 CircMode 的值，可以用几种方式描述圆弧（表 7.4.11）。

表 7.4.11   **SMC_CIRC_MODE 说明**

名　称	说　明
BORDER（边界）	用户在圆弧的扇形上定义 end point 和 border point（input AuxPoint），并由机器进行定位（模式 BORDER 不考虑输入 PathChoice）。 此模式的优点：border point 通常可以通过机器到达，即可以进行示教。 此模式的缺点：单个命令的角度限制为<2π。 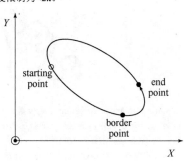 注意：这三个点（起点，终点和辅助点）不得共线。 end point：终点。 border point：边界点。 AuxPoint：辅助点，此处辅助点采用边界点
CENTER（中心）	用户定义圆的 end point 和 center point（input AuxPoint）。 使用此模式时，输入 PathChoice 定义使用两个可能的圆弧中的一个。 平面法线是（start－center）×（dest－center）方向上的单位矢量。根据右手法则来选择弧线的方向：逆时针方向是手指绕着代表法线向量轴的拇指弯曲的方向。 此模式的缺点：在一个命令中限制角度<2π 和≠π；由于与障碍物的碰撞，通常无法示教中心点。 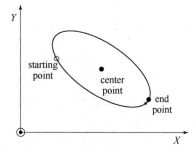 注意：如果中心点与起点和终点的距离不完全相同（由于编程中心点的精度有限，通常是这种情况），则将其投影到坐标的垂直平分线上起点和终点。 一旦中心点相距太远（超过半径的1%），就会返回错误。 end point：终点。 center point：中心点。 AuxPoint：辅助点，此处辅助点采用中心点

续表

名　称	说　明
RADIUS（半径）	用户根据右手拇指的规则定义圆平面的端点和垂直向量：逆时针方向是手指绕着代表法线向量轴的拇指弯曲的方向。 法线向量是输入 AuxPoint。也就是说，AuxPoint 不是位置而是方向向量。圆半径是法线向量的长度。 如果起点和终点之间的距离不等于直径，则它们之间存在两个给定半径的圆。首先输入 PathChoice 来定义弧的方向，然后系统选择从起点到终点的距离较短的圆。这意味着总角度最多为 π。 如果运动是在 ACS 坐标中指定的，则 AuxPoint 只需使用运动学转换（kinematic transformation）就可以直接转换为 MCS 坐标，并将其解释为 MCS 方向。 注意：如果起点和终点不在法线向量定义的平面内，则会创建从起点到终点的螺旋运动。螺旋运动意味着平面中的圆周运动加上与平面正交的线性运动。 此模式的缺点：在单个命令中限制角度≤π；必须计算垂直向量。 示例：AuxPoint =（50,0,0）->平行于 YZ 平面上半径为 50 的圆，并根据右手法则绕平行于 X 轴的轴旋转（CoordSystem = MCS）。 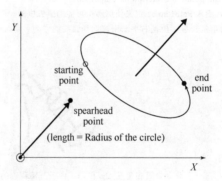 end point：终点。 center point：中心点。 AuxPoint：辅助点，此处辅助点采用方向向量，其中圆的半径是矢量长度

3. 新建工程

设备选择"CODESYS SoftMotion Win V3"，编程语言选择 LD。

4. 添加三个虚轴，并进行设置

参照 7.4.2 小节中添加虚轴的部分来添加三个轴，轴的名称分别设置为"Axis_X""Axis_Y"和"Axis_Z"，以及运动学模型的设置也与 7.4.2 小节中的设置一样。

5. 编写 PLC 程序

主程序如图 7.4.13 所示，另外还要添加轨迹显示程序，轨迹显示程序参照 7.4.2 小节中的轨迹显示程序。

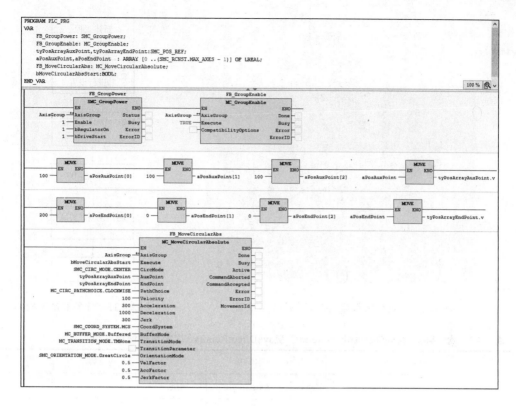

图 7.4.13 主程序

若要求每次按下去，都以当前点作为起始点作直线运动，则应该使用 MC_MoveCircle-Relative 指令，其使用方法与 MC_MoveCircleAbsolute 指令完全一致。

6. 验证程序

轴组圆弧运动在视图里的显示效果如图 7.4.14 所示。

7.4.4 轴组 PTP 运动控制

【任务名称】 三轴的 PTP 运动控制。

【任务描述】 定义三个虚轴，并关联成轴组，进行 PTP 运动，按下启动按钮，从原点出发，运动到以三轴坐标 [X, Y, Z]=[100,200,300]为终点的位置，绘制出 PTP 轨迹。

【任务实施】

1. 任务实施流程

任务实施流程，如图 7.4.15 所示。

2. 指令说明

PTP 运动的指令包括 MC_MoveDirectAbsolute/MC_MoveDirectRelative，该功能块命令轴组移动到指定坐标系中的指定绝对位置。每个轴独立移动到其目标位置，仅同步运动，以使所有轴同时达到目标。这意味着 TCP 运动的路径取决于所使用的运动学转换。通常它不是一条直线。其功能块的使用说明，见表 7.4.12。

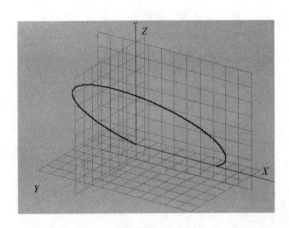

图 7.4.14　轴组圆弧运动控制程序显示效果

图 7.4.15　任务实施流程

表 7.4.12　　　MC_MoveDirectAbsolute/MC_MoveDirectRelative 功能块的使用说明

功能块	范　围	名　称	内　容
	Inout	AxisGroup	轴组
	Input	Execute	上升沿：启动功能块
		Position	终点位置
		MovementType	PTP 运动的类型 Fast：时间最优 PTP 运动 Path_Invariant：对于此类 PTP 运动，空间路径与覆盖无关，并且除了与 TransitionMode TMStartVelocity 混合外，还不受轴的所有动态限制（速度、加速度、减速度和加加速度的辅助和全局限制）的影响。工作时不会受到 MC_GroupHalt/MC_GroupStop、MC_GroupInterrupt/MC_GroupContinue 的影响
		CoordSystem	参考坐标系统
		BufferMode	定义 FB 相对于前一个块的时间顺序
		TransitionMode	混合缓冲模式
		TransitionParameter	混合参数
		VelFactor	速度系数，值在处于[0，1]之间，初始值为 1
		AccFactor	加速度系数，值在处于[0，1]之间，初始值为 1
		JerkFactor	加加速度系数，值在处于[0，1]之间，初始值为 1

续表

功能块	范围	名称	内容
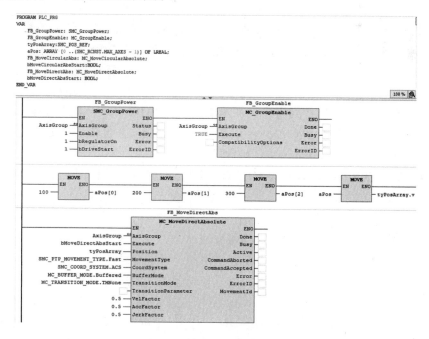	Output	Done	True：所有轴到达终点
		Busy	True：未执行完毕
		Active	True：功能块已在控制轴组
		CommandAborted	指令未被别的指令中止
		CommandAccepted	指令被所有轴接受
		Error	True：在执行过程中出错
		ErrorID	错误代码
		MovementId	运动识别码，CommandAccepted 和 Done 为 True 时产生

3. 新建工程

设备选择"CODESYS SoftMotion Win V3"，编程语言选择 LD。

4. 添加三个虚轴，并进行设置

参照"7.4.2 轴组直线运动控制"中添加虚轴的部分来添加三个轴，轴的名称分别设置为"Axis_X""Axis_Y"和"Axis_Z"，以及运动学模型的设置也与"7.4.2 轴组直线运动控制"中的设置一样。

5. 编写 PLC 程序

主程序如图 7.4.16 所示，另外还要添加轨迹显示程序，轨迹显示程序参照"7.4.2 轴组直线运动控制"中的轨迹显示程序。

图 7.4.16 主程序

若要求每次按下去，都以当前点作为起始点作直线运动，则应该使用 MC_MoveDirect-Relative 指令，其使用方法与 MC_MoveDirectAbsolute 指令完全一致。

6. 验证程序

轴组 PTP 运动在视图里的显示效果如图 7.4.17 所示。

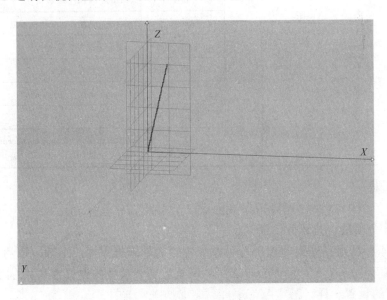

图 7.4.17 轴组 PTP 运动控制程序显示效果

7.4.5 轴组 CNC 运动控制

【实例名称】 三轴的 CNC 插补控制。

【实例描述】 定义三个虚轴，并关联成轴组，进行 CNC 运动，按下启动按钮，通过完成三维曲线轨迹行走，激光机绘制出 CNC 运动轨迹的雕刻，在非轨迹路径中，激光机应处于关闭的状态。

【任务实施】

CoDeSys SoftMotion CNC 为用户提供基于 IEC 61131-3 开发环境的复杂 CNC 解决方案。CoDeSys SoftMotion CNC 是 CoDeSys SoftMotion 的拓展，并包含了 CoDeSys SoftMotion 的完整功能。CoDeSys SoftMotion CNC 包含如下功能：

（1）内置基于 DIN 66025 标准的 3D CNC 编辑器，集运动规划，工件图形和文本编辑显示以及 DXF 载入等功能。

（2）实现 CNC 功能的所有功能块。

（3）从直线插值到样条插值的多样插值方法。

（4）工具半径修正、循环防止以及路径平滑的路径准备功能。

（5）不同系统（龙门架、关节机器人、三轴机器人）的运动学变换。

CNC 运动控制的工作机制如图 7.4.18 所示，在 CNC 编辑器中，可多种方式生成 CNC 数据，这些数据经过 IEC 程序进行解码、路径预处理、插补运算后，得到空间坐标数据，通过逆向运动学变换后，得到运动轴的位置数据，从而经过运算后得到配置轴的当前运动速度，最后将这些位置和速度等数据传送至相应的驱动器接口，最终驱动硬件的运行。

对于每一个编程途径，CODESYS 会自动产生一个全局数据结构（CNC 数据），这些数据结构可以直接用于 IEC 编程，可以通过以下不同的方式实现：

（1）SMC_CNC_REF 方式：CNC 程序是通过 G 代码的数组形式进行的保存，可以通过程序变换进行移动，旋转或者缩放，还可以被相应的运行系统进行解码并执行。因此，对于特定的编程路径，GeoInfo 结构对象可用。这些对象可以被像刀径补偿这样的模块进行处理，这些模块存放在 SM3_CNC 函数库中，然后可以被插补转换模块处理并反馈给驱动器接口进行与硬件的通信。

（2）SMC_Outqueue 方式：CNC 程序是以一个 GeoInfo 结构对象的形式存储，对象的名称是 SMC_Outqueue 的一个数据，可以直接被送到插补器中。与 SMC_CNC_REF 方式比较，这个方式可以避免调用解码器和路径预处理模块，但不能在运行的过程中进行程序的改变，在某些特殊的变量中不能使用 G 代码编程的方式。

（3）File 方式：CNC 程序与 SMC_CNC_REF 方式一致。对于控制器的文件系统，是通过运行系统一步步地进行程序读取和执行的，这种方式适用于比较大的工程，其程序不能一次性的保存在存储器中的情况。

实现 CNC 功能的主要功能块解析如下：

（1）SMC_ReadNCFile：读取控制器的 NC 文件。

（2）SMC_NC_Decoder：对 G 代码进行解释。

（3）SMC_RoundPath：对加工路径进行圆滑处理（G50,G51）。

（4）SMC_CheckVelocities：检查特定路径跟踪段的速度。

（5）SMC_Interpolator：进行插补运算，并将周期点数据发给驱动器。

（6）SMC_TRAFO_<Kinematik>：从空间位置计算轴位置（逆变换）。

（7）SMC_ControlAxisByPos：轴位置控制模块。

（8）SMC_TRAFOF_<Kinematik>：从轴位置计算空间位置（正变换）。

1. 任务实施流程

任务实施流程，如图 7.4.19 所示。

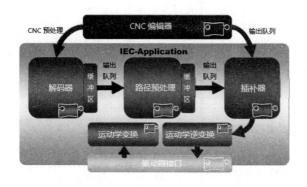

图 7.4.18　CNC 运动控制工作机制

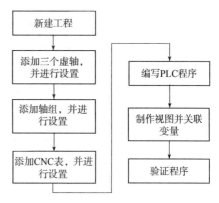

图 7.4.19　任务实施流程

2. 指令说明

　　SMC_Interpolator 功能块用于将 SMC_GEOINFO 对象描述的连续路径转换为离散的路径位置点，同时考虑到已定义的速度曲线和时间模式。 然后，这些位置点通常将通过 IEC 程序转换（例如，转换为驱动轴位置）并发送到驱动器。其功能块的使用说明，见表 7.4.13。

表 7.4.13　　　　　　　　　　　　SMC_Interpolator 功能块的使用说明

功能块	范围	名称	内容
	Input	bExecute	上升沿开始执行
		poqDataIn	此变量指 SMC_OUTQUEUE 结构对象，该对象包含路径的 SMC_GEOINFO 对象
		bSlow_Stop	如果将此变量设置为 False，则路径将不停地传递。否则，SMC_Interpolator 将根据定义的速度曲线（byVelMode）和当前 SMC_GEOINFO 对象的最大延迟将降低到 0，并等到 bSlow_Stop 将其重置为 False
		bEmergency_Stop	True：功能块立即停止执行
		bWaitAtNextStop	只要此变量为 False 默认值，路径就不停地传递。否则，SMC_Interpolator 将导致保持在下一个常规停止位置，并暂停直到 bWaitAtNextStop 将其重置为 False
		dOverride	此变量可用于覆盖速度。可以提高或缩放计划的速度。例如，dOverride = 1（默认）会执行已编程的预定速度，而 dOverride = 2 会使它们加倍
		iVelMode	该输入定义了 SMC_INT_VELMODE 中定义的速度曲线
		dwIpoTime	必须为每个调用设置此变量。它表示周期时间（单位为微秒）
		dLastWayPos	该输入允许用户测量由内插器伸出的路径的延伸。输出 dWayPos 是 dLastWayPos 与当前周期内覆盖的距离之和。 如果将 dLastWayPos 设置为等于输出 dWayPos，则 dWayPos 将始终以当前路径段递增，其结果将是行进路径的总长度。 可以随时将 dLastWayPos 重置为 0 或其他值
		bAbort	True：将中止功能块执行
		bSingleStep	此输入的作用是，内插器将在两个路径对象之间的过渡处（同样在切线相同的过渡处）停止一个周期。如果在移动过程中将其 bSingleStep 设置为 True，则插补器将在该对象的末尾停止，可以在不超过预定减速度值的情况下达到该目标

续表

功能块	范 围	名 称	内 容
	Input	bAcknM	该输入可用于确认 M 功能。如果输入为 True，则输出 wM 将被清除，并且路径处理将继续
		bQuick_Stop	如果此输入为 True，则内插器会将速度降低为零，直到 bQuick_Stop 重置为 False。根据定义的速度曲线（byVelMode）和由 dQuickDeceleration 的最大值以及路径中当前编程的延迟给出的减速度来完成减小。如果使用二次速度模式，那么加速度将受到 max（dJerkMax，dQuickStopJerk）的限制
		dQuickDeceleration	用于 bQuick_Stop 的减速度值
		dJerkMax	最大可加加速度的幅度；仅用于二次速度模式。它必须为正，并且在插补器运行时不能更改
		dQuickStopJerk	如果选择了二次速度模式之一，则急停会使用急动幅度来降低加速度
		bSuppressSystem MFunctions	如果设置了此选项，则不会由 G75 或 G4 命令创建的内部 M 功能设置输出 wM
	Output	bDone	输入数据（poqDataIn）完全处理后，此变量将设置为 True。在完成复位之前，功能块将不执行任何其他动作
		bBusy	True：功能块执行未完成时
		bError	True：功能块内发生了错误
		wErrorID	错误代码
		piSetPosition	它反映了计算出的设定位置，并包含下一个位置的笛卡尔坐标以及附加轴的状态
		iStatus	该枚举变量反映了 SMC_INT_STATUS 中定义的功能块的当前状态
		bWorking	此输出旨在被连接到输入 bEnable 的 SMC_ControlAxisByPos
		iActObjectSourceNo	poqDataIn-queue 的活动 SMC_GEOINFO 对象的成员 iSourceLine_No 的值。（bWorking = False），该值设置为 "-1"
		dActObjectLength	当前对象的长度；如果有效。bWorking = True
		dActObjectLengthRemaining	当前对象的剩余长度；如果 bWorking 为 True，则有效
		dVel	此变量包含当前路径速度
		vecActTangent	此结构包含路径切线，即单位矢量
		iLastSwitch	此输出包含最后通过的开关的编号

SMC_Interpolator

bExecute *BOOL*   *BOOL* bDone
poqDataIn *POINTER TO SMC_OUTQUEUE*   *BOOL* bBusy
bSlow_Stop *BOOL*   *BOOL* bError
bEmergency_Stop *BOOL*   *SMC_ERROR* wErrorID
bWaitAtNextStop *BOOL*   *SMC_POSINFO* piSetPosition
dOverride *LREAL*   *SMC_INT_STATUS* iStatus
iVelMode *SMC_INT_VELMODE*   *BOOL* bWorking
dwIpoTime *DWORD*   *DINT* iActObjectSourceNo
dLastWayPos *LREAL*   *LREAL* dActObjectLength
bAbort *BOOL*   *LREAL* dActObjectLengthRemaining
bSingleStep *BOOL*   *LREAL* dVel
bAcknM *BOOL*   *SMC_VECTOR3D* vecActTangent
bQuick_Stop *BOOL*   *INT* iLastSwitch
dQuickDeceleration *LREAL*   *DWORD* dwSwitches
dJerkMax *LREAL*   *LREAL* dwayPos
dQuickStopJerk *LREAL*   *WORD* wM
bSuppressSystemMFunctions *BOOL*   *ARRAY[0..2] OF LREAL* adToolLength
    POINTER TO SMC_GEOINFO Act_Object

续表

功能块	范围	名称	内容
	Output	dwSwitches	DWORD 描述了所有开关 1~32 的当前开关状态。bit0 表示 switch1，Bit31 表示 switch32。与相比 iLastSwitch，此位字段还将在一个周期内容纳多个开关
		dWayPos	参见输入 dLastWAyPos
		wM	如果插补器通过了 M 功能，则此输出将设置为与 M 功能关联的值。插补器将停止，直到通过输入 bAcknM 确认 M 功能为止
		adToolLength	刀具长度补偿的参数（由 G43 I /J /K 设置）
		Act_Object	指向当前插值路径元素的指针

SMC_TRAFO_Gantry3：此转换模块用于处理三维的龙门系统，此处理过程不会产生任何的转换，只是通过一个方向定义，添加 X、Y 和 Z 轴的一个偏移。其功能块的使用说明，见表 7.4.14。

表 7.4.14　　　　　　　　SMC_TRAFO_Gantry3 功能块的使用说明

功能块	范围	引脚名称	说明
	Inout	pi	目标位置矢量（X，Y），内插器的输出
		dOffsetX	X 轴的附加偏移
		dOffsetY	Y 轴的附加偏移
		dOffsetZ	Z 轴的附加偏移
	Output	dx	X 轴的结果位置
		dy	Y 轴的结果位置
		dz	Z 轴的最终位置

SMC_GetParamters 如果插补器正在使用 M 功能，则可以使用该模块轮询为此 M 功能设置的参数（K，L，O）。其功能块的使用说明，见表 7.4.15。

表 7.4.15　　　　　　　　SMC_GetMParamters 功能块的使用说明

功能块	范围	引脚名称	说明
	Inout	Interpolator	插补器实例
	Input	bEnable	True：功能块处于活动状态
	Output	bMActive	True：表示 M 功能当前处于活动状态
		dK	通过字 K 指定的 M 参数
		dL	通过字 L 指定的 M 参数
		MParameters	M 参数，由类型变量 SMC_M_PARAMTERS（由 O 字传递）指定

SMC_ContrroAxisByPos 功能块将设置位置 fSetPosition 写入驱动结构 Axis,并监视 Axis 是否有跳跃。 SMC_ControlAxisByPos 通常与 CNC 和 SMC_Interpolator 的实例一起使用。其功能块的使用说明, 见表 7.4.16。

VisuStruct3DControl 此数据结构用于控制 Path3D 元素的摄像机。用户将 visu 元素链接到这种类型的结构变量。其数据结构的使用说明, 见表 7.4.17。

表 7.4.16   SMC_ControAxisByPos 功能块的使用说明

功能块	范 围	引脚名称	说 明
	Inout	Axis	参照轴
	Input	iStatus	SMC_Interpolator 实例的状态
		bEnable	True：开始执行
		bAvoidGaps	True：开始监视位置
		fSetPosition	在[u]中设置轴的位置。通常连接到转换块的输出
		fGapVelocity	绕过跳跃的速度，以[u /s]为单位
		fGapAcceleration	绕过[u/s²]中的跳转的加速
		fGapDeceleration	绕过[u/s²]中的跳转的减速度
		fGapJerk	绕过[u/s³]中的跳转
	Output	bBusy	True：功能块操作
		bCommandAborted	True：执行被在轴上运行的另一个功能块实例中断
		bError	True：发生错误
		iErrorID	错误识别
		bStopIpo	True：发生速度或位置跳跃，并且正在适应新位置

表 7.4.17   VisuStruct3DControl 数据结构的使用说明

范 围	引脚名称	说 明
InOut	iX	相机沿 X 轴移动的每个方向的速度
	iY	相机沿 Y 轴移动的每个方向的速度
	iZ	相机沿 Z 轴移动的每个方向的速度
	iTurnX	绕 X 轴转动相机的速度
	iTurnY	绕 Y 轴转动相机的速度
	iTurnZ	绕 Z 轴转动相机的速度
	xResetXY	True：将视图重置为 XY 平面
	xResetYZ	True：将视图重置为 YZ 平面
	xResetZX	True：将视图重置为 ZX 平面

SMC_PositionTracker 此功能块旨在存储位置，并使其可作为路径供 Path3D 元素使用。其功能块的使用说明，见表 7.4.18。

表 7.4.18　　　　　　　　　　SMC_PositionTracker 功能块的使用说明

功能块	范　围	引脚名称	说　明
	Input	bEnable	TURE：跟踪位置
		bClear	True：清除输出路径
		dX	要添加到轨道的实际位置
		dY	要添加到轨道的实际位置
		dZ	要添加到轨道的实际位置
		udiNumberOfPointsInArray	pBuffer 在引用数组中声明点数
		pBuffer	指向分配的点数数组的指针
	Output	vs3dt	跟踪输出，设置为 visu 元素的输入 Path3D

SMC_PathCopierFile 功能块读取并解码 G 代码文件（sFileName），并从生成的路径创建点数组。其功能块的使用说明，见表 7.4.19。

表 7.4.19　　　　　　　　　　SMC_PathCopierFile 功能块的使用说明

功能块	范　围	引脚名称	说　明
	Input	bEnable	TURE：上升沿开始执行功能块
		udiNumberOfPointsInArray	pBuffer 在引用数组中声明的点数
		pBuffer	指向分配的点数组的指针
		sFileName	要读取的 CNC 文件名
		pvl	指向变量列表的指针
		piStartPosition	开始位置
	Output	bDone	True：执行完成
		bError	True：执行过程中出现错误
		iErrorID	错误代码
		vs3dt	跟踪输出。设置为 visu 元素的输入 Path3D

3. 新建工程

设备选择"CODESYS SoftMotion Win V3"，编程语言选择 CFC。

4. 添加三个虚轴，并进行设置

（1）添加三个轴，并将主从轴的名称分别设置为"Axis_X""Axis_Y"和"Axis_Z"，如图 7.4.20 所示。

（2）对三个虚轴并进行参数设置。分别双击三个虚轴，并对三个轴的"SoftMotion 驱动：通用"进行如图 7.4.20 所示设置。

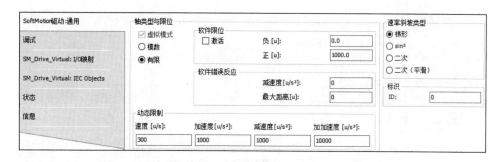

图 7.4.20 设置虚轴参数

5. 添加轴组，并进行设置

添加轴组，将运动学模型为"TRAFO.Kin_Gantry3"，并把运动学模型的三个轴分别与新建的轴驱动器进行关联。

6. 添加 CNC 表，并进行设置

（1）添加 CNC 表格。通过图 7.4.21 方式添加 CNC 程序，在弹出的"添加 CNC 程序…"窗口中，设置"实现"方式为"Din66025"，"编译模式"为"SMC_OutQueue"，单击打开后，设备树下将自动出现"CNC"和"CNC 设置"。

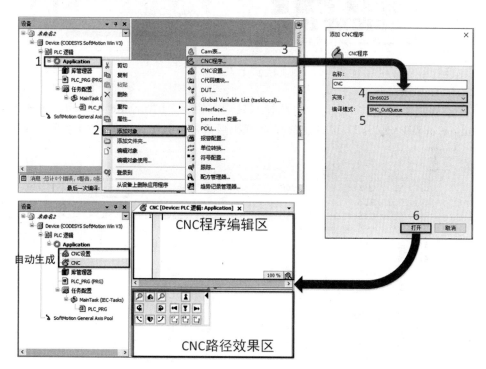

图 7.4.21 添加 CNC 表格

双击"CNC"，用户可 CNC 程序编辑区进行 G 代码的输入，或者通过 DXF 文件导入 G 代码。本示例通过加载 DXF 文件进行 G 代码导入，其操作过程如图 7.4.22 所示，可以看到在加载 DXF 文件后，在 CNC 程序编辑区自动生成多行 G 代码，同时在 CNC 路径效

果区将显示出轨迹效果。

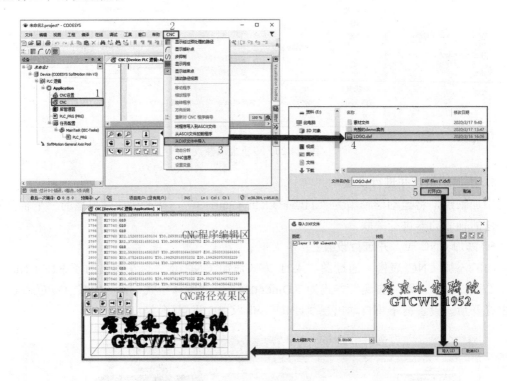

图 7.4.22　G 代码导入

注意：如果在导入后产生一个"路径预处理时错误"："invalid velocity, acceleration, deceleration, or jerk values"，可以在首行 G 代码后添加 F100 来指定轴的速度，如图 7.4.23 所示。

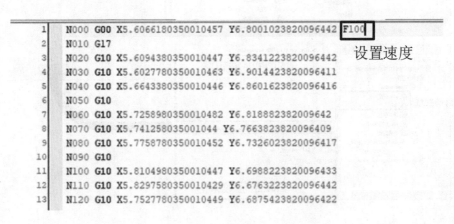

图 7.4.23　设置轴的速度

（2）关闭显示结束点。关闭菜单栏中的"CNC/显示结束点"，则发现结束点不再显示出来，CNC 路径效果区显示出的轨迹效果将更加简洁，如图 7.4.24 所示。

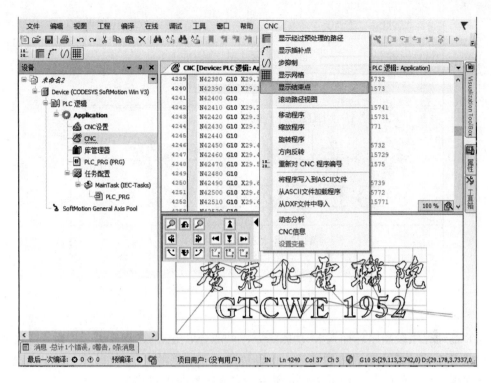

图 7.4.24 CNC 显示效果

（3）为 G 代码加入 M 功能。M 功能为辅助功能，用于驱动 CNC 运动中的辅助装置的开关动作或状态。其工作原理为：CNC 运动中 CPU 从上至下执行 G 代码程序，当执行到 M 功能后，则等待 M 功能执行完毕的确认信号，当收到确认信号后，则继续往下执行 G 代码。

在 CNC 路径效果区，字与字之间会出现绿色的过渡线段，激光在绘制图形的过程中，必须在绿色字体位置处关闭，在字的位置处应该打开。为达到此功能，则需要为 G 代码添加 M 功能指令。

选择任意一条绿色的过渡线，则上方的 CNC 程序编辑区会自动跳到对应的 G 代码行，也就是说绿色的过渡线通过执行该对应的 G 代码实现。由于绿色的过渡线不应该被激光绘制出来，则必须在该段 G 代码执行前应该关闭激光，而执行完后应该打开激光，进行新轨迹的绘制。

假设 M1 代表激光关闭，M2 代表激光打开（M 功能的具体意义由 PLC 程序来确定）。则必须在绿色过渡线对应的 G 代码行的上方加入"N+序号+M1"，如 N000 M1；也同时需要在 G 代码行的下方加入"N+序号+M2"，如 N000 M2。每条绿色过渡线对应的 G 代码前后都需要添加上述内容。每插入一个 M 功能指令，CNC 路径效果区对应的位置将出现红色的方框，以表示该点具有 M 功能，如图 7.4.25 所示。

现在市面上有专业的 CAM 软件，用户也可以通过这些 CAM 软件自动生成带 M 功能的 G 代码，然后将这些代码复制粘贴到 CNC 程序编辑区。这样可以省去手动添加 M 功能的代码的麻烦。

图 7.4.25　M 功能举例

（4）整理程序段顺序。插入 M 功能指令，可能会导致 CNC 程序编号出现紊乱而不便于阅读或者工程师或加工人员的交流，此时可通过菜单栏的"CNC/重新对 CNC 程序编号"处理程序编号的顺序，如图 7.4.26 所示，完成序号的重新整理。

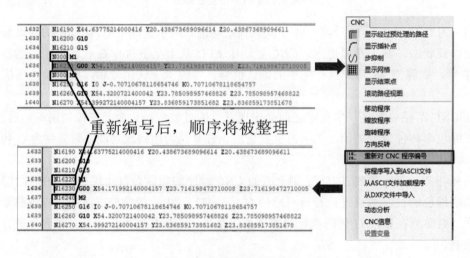

图 7.4.26　整理程序段顺序

（5）视图调整。用户可以通过 3D 视图控制器对 CNC 路径效果区显示的轨迹效果进行调整，如缩放、平移、旋转、三视图等。调整后，可以非常明显地看到轨迹处于三维空间，每个点都对应着不同 X、Y、Z 的坐标，如图 7.4.27 所示。

7. 编写 PLC 程序

（1）编写 PLC 插补主程序。该程序采用 CFC 的编程方式，通过 CFC 编程，可以清晰地了解功能块之间的关系。其程序如图 7.4.28 所示。

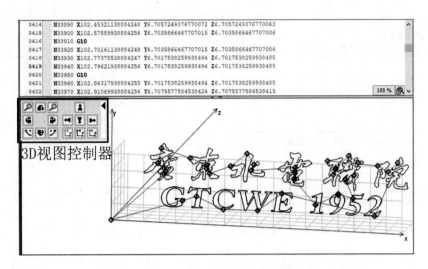

图 7.4.27　3D 视图控制器路径显示效果

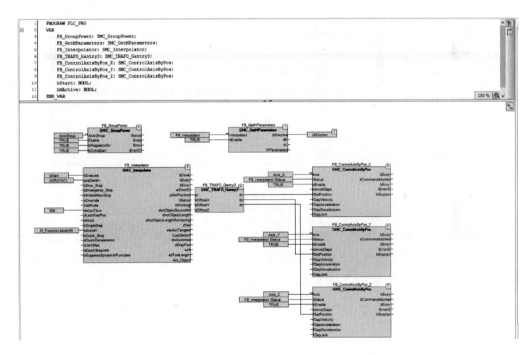

图 7.4.28　主程序

（2）编写路径显示程序。添加 SM3_CNC_Visu、VisuElem3DPath 库文件如图 7.4.29 所示，SM3_CNC_Visu 库文件包含了 SMC_PositionTracker 和 SMC_PathCopier 指令；VisuElem3DPath 库文件包含了 VisuStruct3DControl、VisuStruct3DPathPoint 数据类型和 ControlPanel 面板。

新建一个名为"ShowPath"的程序，用以完成路径显示的功能，该程序采用 ST 编程方式，编写完毕后，将"ShowPath"程序拖入到任务配置的 MainTask 中。具体操作如图 7.4.30 所示。图示中，将显示路径的寻址文件（sFileName）设置为"C:\Users\Administrator\Desktop\Logo.CNC"，意味着在电脑的桌面上，存在一个 Logo.CNC 的文件。

图 7.4.29　添加 SM3_CNC_Visu、VisuElem3Dpath 库文件

注意：用户可将程序的 G 代码复制到电脑桌面的一个文本文档中，并将文本文档的命名改为 Logo.CNC 即可。

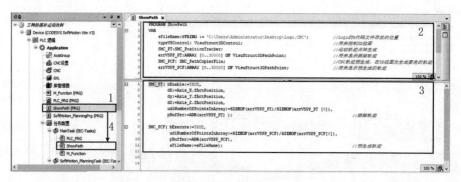

图 7.4.30　路径显示程序

（3）编写 M 功能程序。新建一个名为"M_Function"的程序，用以完成激光能正确绘制出图案，该程序采用 LD 编程方式，编写完毕后，将"M_Function"程序拖入任务配置的 MainTask 中。具体操作如图 7.4.31 所示。

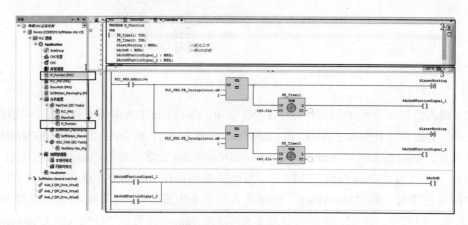

图 7.4.31　M 功能程序

8. 制作视图并关联变量

将各个控件从工具箱里拖曳出来,将标签的内容按图 7.4.32 的方式进行修改;RotDrive 控件、矩形框、指示灯、ControlPanel 关联到各自下方标签对应的变量上;按钮根据下方标签进行变量关联,"元素行为"设定为"图像切换";路径 3D 属性的按图 7.4.32 进行设置。最终完成后的视图如图 7.4.33 所示。

属性	值
元素名称	GenElemInst_2
元素类型	路径3D
⊟ 位置	
X坐标	132
Y坐标	76
宽度	1185
高度	434
⊟ 路径描述	
路径数据(VisuStruct3DTrack)	ShowPath.SMC_PCF.vs3dt
路径颜色	Green
路径线宽	2
边界点风格	没有显示结束点
⊟ 跟踪描述	
跟踪数据(VisuStruct3DTrack)	ShowPath.SMC_PT.vs3dt
跟踪颜色	Red
跟踪线宽	2
⊟ 控制	
控制数据(VisuStruct3DControl)	ShowPath.typeVSControl
⊟ 附加选项	
调试系统	☑
网格	☐
网格颜色	Lightgray
⊟ 高亮模式	
高亮模式	所有原始元素和高亮元素以高亮颜色显示
变量	PLC_PRG.FB_Interpolator.iActObjectSourceNo
高亮颜色	Red
⊟ 元素外观	
框线宽度	1
框线类型	实体
透明背景	☑
背景颜色	White

图 7.4.32　路径 3D 属性设置

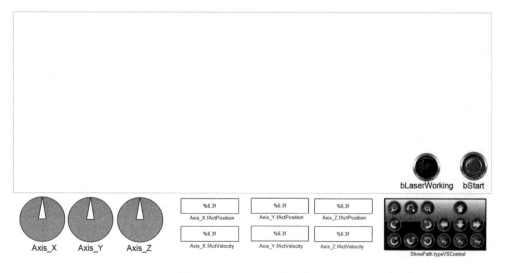

图 7.4.33　CNC 运动控制视图

9. 验证程序

下载并运行程序，打开视图，可发现 RotDrive 控件的指针被蓝色填充，此时表示系统已经准备就绪，图中红色的实心点为 M 功能切换点，按下 bStart 按钮完成验证操作。程序在运行的过程中可以看到，当按下启动按钮时，虽然在走红色过渡点的轨迹，但是此时指示灯并没有点亮，意味着激光没有打开，这段行程在实际的硬件设备中是不会被激光描绘出轨迹；在后面进入字体绘制范围内，可看到指示灯被点亮，意味着正在描绘轨迹。当全部轨迹被描绘完毕后，原来的绿色字体，统统被红色字体覆盖掉。CNC 运动控制程序测试如图 7.4.34 所示。

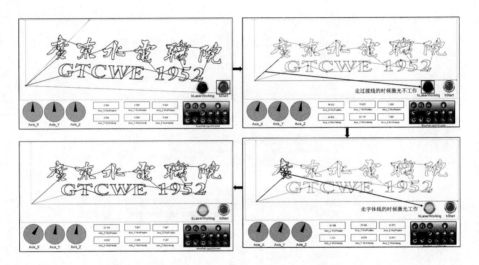

图 7.4.34　CNC 运动控制程序测试

第8章

通 信 控 制

8.1　通 信 控 制 概 述

近二十多年由于通信技术、计算机技术、网络技术的迅速发展，工业自动化控制领域也随之得到了迅速的提高和改革。由于一台机器通常有不同生产厂商的不同设备构成，设备间通常需要交换数据实现各自的功能，不同生产厂商的不同设备间的相互配合离不开通信。因此，通信是控制发展到一定阶段不可或缺的产物。

8.1.1　CODESYS OPC UA 服务器

CODESYS 的标准安装包括一个 OPC UA 服务器。可以使用它通过客户端访问控制器的变量接口。OPC UA 服务器通过单独的 TCP 连接与连接的 OPC UA 客户端进行通信。因此，必须再次单独检查这些连接的安全性。可以通过使用到客户端的加密通信和 OPC UA 用户管理来保护 OPC UA 服务器。

CODESYS OPC UA 服务器支持以下功能：

- 浏览数据类型和变量。
- 标准读/写服务。
- 值更改通知：订阅和受监视的项目服务。
- 根据"OPC UA 标准（配置文件：Basic256SHA256）"的加密通信。
- 根据"IEC 61131-3 的 OPC UA 信息模型"对 IEC 应用程序进行的映像。
- 支持的配置文件：Micro Embedded Device Server 配置文件。
- 默认情况下，会话，受监视项目和订阅的数量没有限制。该数量取决于相应平台的性能。
- 根据 OPC UA 标准发送事件。

8.1.2　CODESYS 通信协议介绍

1. Modbus 通信

一个 Modbus 网络由一个 Modbus 主站和一个或多个 Modbus 从站组成。一个主站最多可以连接 64 个从站。CODESYS 中使用 Modbus 通信，有使用串行端口（COM）和以太网（Ethernet）两种链接方法：

（1）Modbus 从站通过使用串行端口链接 Modbus 主服务器（Modbus COM Port）：CODESYS 运行时充当 Modbus 主服务器；CODESYS 运行时充当 Modbus 从站。

（2）Modbus 从站使用以太网适配器设备通过以太网链接 Modbus 主服务器（Etherhet）：CODESYS 运行时充当 Modbus 主服务器；CODESYS 运行时充当 Modbus 从站。

在 Modbus 配置页面中可以配置通信参数，然后创建 Modbus 通道。Modbus 通道包括单个 Modbus 命令（读/写数据）以及相应的 I/O 通道。Modbus 设备添加如图 8.1.1 所示。

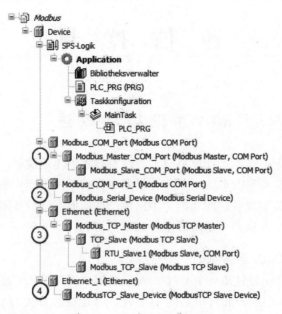

图 8.1.1　Modbus 设备添加

2. TCP 通信和 UDP 通信

TCP 和 UDP 都是网络通信协议，也就是通信时都要遵守的规则，双方在同一规则下"交流"，才能理解或者为之服务。

TCP（Transmission Control Protocol），即传输控制协议，提供的是面向链接、可靠的字节流服务。当客户和服务器彼此交换数据前，必须先在双方之间建立一个 TCP 链接，之后才能传输数据。TCP 提供超时重发，丢弃重复数据，检验数据，流量控制等功能，保证数据能从一端传到另一端。一个 TCP 必须经过三次对话才能建立其链接，安全可靠，但是传输速度较慢。

UDP（User Data Protocol），即用户数据报协议，是一个简单的面向数据报的运输层协议。UDP 不提供可靠性，它只是把应用程序传给 IP 层的数据报文发送出去，但是并不能保证它们能到达目的地。由于 UDP 在传输数据报前不用在客户和服务器之间建立一个链接，且没有超时重发等机制，故而传输速度很快。UDP 是一种无链接的协议，在 OSI 模型中的第四层（传输层）。UDP 有不提供数据包分组、组装和不能对数据包进行排序的缺点，也就是说，当报文发送之后，是无法得知其是否安全完整到达的。

在 CODESYS 的 CAA Net Base Services 通信库应用中，有四个通用功能块用于通过以太网进行通信；UDP 客户端/服务器，用于在 UDP 协议下通过以太网进行无链接通信；TCP 客户端/服务器，用于在 TCP 协议下通过以太网进行面向链接的通信。

3. NVL 通信

网络变量（NV，Network Variable）是 LonTalk 协议提出的一个全新的概念，一个节点的网络变量从网络的观点定义了它的输入和输出，同时允许在分布式应用中共享数据。

网络变量可以是单个的数据项，如温度、开关值或者执行器的设定，也可以是数据结构或数组，其长度最多可达到 31 个字节。每一个网络变量都有其数据类型，可以在应用程序中定义。

网络变量使节点间的数据传递只需通过各个网络变量的绑定便可完成，通过网络变量把网络通信设计简化为参数设计，既节省了大量的工作量，又提高了通信的可靠性。

8.2 通信控制实例

8.2.1 OPC UA 通信

【任务名称】 CODESYS 的 OPC UA 通信。

【任务描述】 通过 CODESYS 控制器仿真机开放 OPC 服务器，用 UaExpert 软件作客户端连接服务器，两者进行数据的读写。

【任务实施】

OPC 统一架构（OPC Unified Architecture）是 OPC 基金会（OPC Foundation）创建的新技术，更加安全、可靠、中性（与供应商无关），为制造现场到生产计划或企业资源计划（ERP）系统传输原始数据和预处理信息。使用 OPC UA 技术，所有需要的信息可随时随地到达每个授权应用和每位授权人员。

OPC UA 是目前已经使用的 OPC 工业标准的补充，可提供一些重要的特性，包括平台独立性、扩展性、高可靠性和连接互联网的能力。OPC UA 不再依靠 DCOM，而是基于面向服务的架构（SOA），OPC UA 的使用更简便。现在，OPC UA 已经成为独立于微软、UNIX 或其他的操作系统企业层和嵌入式自动组建之间的桥梁。

1. 任务实施流程

任务实施流程，如图 8.2.1 所示。

CODESYS OPC UA 服务搭建如图 8.2.2 所示。

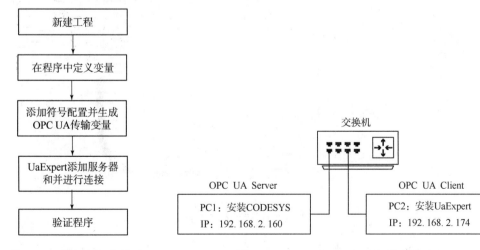

图 8.2.1 任务实施流程　　　　图 8.2.2 CODESYS OPC UA 服务搭建

2. 新建工程

（1）设备：CODESYS Control Win V3。

（2）编程语言：梯形逻辑图（LD）。

3. 在程序中定义变量

新建工程后，在变量定义区分别添加一个布尔型变量 bVar 和整型变量 iVar，如图 8.2.3 所示。

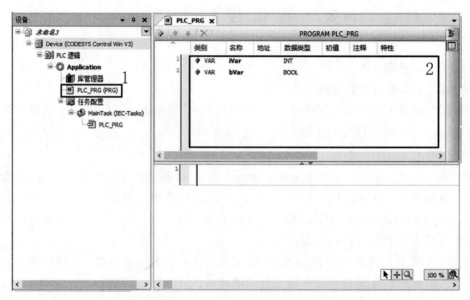

图 8.2.3　添加变量

4. 添加符号配置并生成 OPC UA 传输变量

（1）添加符号配置。按图 8.2.4 所示操作完成符号配置的添加。

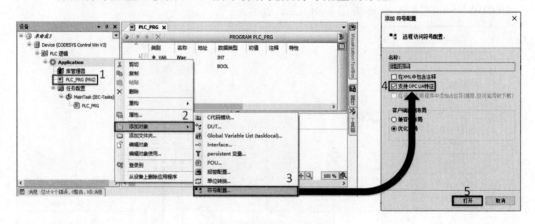

图 8.2.4　添加符号配置

（2）生成 OPC UA 传输变量。按图 8.2.5 所示操作来生成 OPC UA 传输变量，单击要生成的 OPC UA 变量前的方框，使其打上钩。在访问权限列可以单击对应变量的图标，可以用来设置变量的权限为只读""、只写""、可读写""。示例中 bVar、iVar 均为可读写""，用户可根据对应的图标箭头来识别其读写权限。

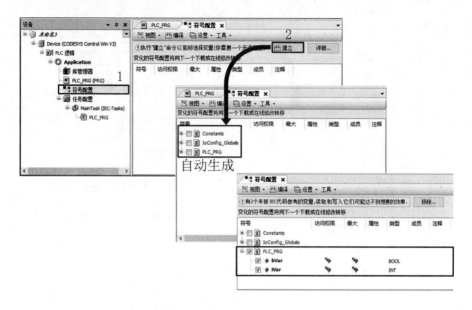

图 8.2.5　生成 OPC UA 传输变量

5. UaExpert 添加服务器和并进行连接

（1）CODESYS 先下载程序，启动 OPC UA 服务器。CODESYS 先要下载好程序才能使 OPC UA 服务器运行起来，否则在 UaExpert 上无法寻找到 OPC UA 服务器。CODESYS 下载好程序进入监控界面，如图 8.2.6 所示。

图 8.2.6　CODESYS 进入监控界面

（2）UaExpert 添加 OPC UA 服务器。打开 UaExpert 软件，输入 OPC UA 服务器的 IP 地址来查找 OPC UA 服务器。查找到后 OPC UA 服务器会自动生成一些信息，如图 8.2.7 所示。

添加 OPC UA 服务器后，还需要对其进行一些属性设置才能使其进行正确的通信。右击新添加的 OPC UA 服务器，选择"Properties"。在服务器的属性设置界面，将服务器的主机低级名替换为 IP 地址，如图 8.2.8 所示。

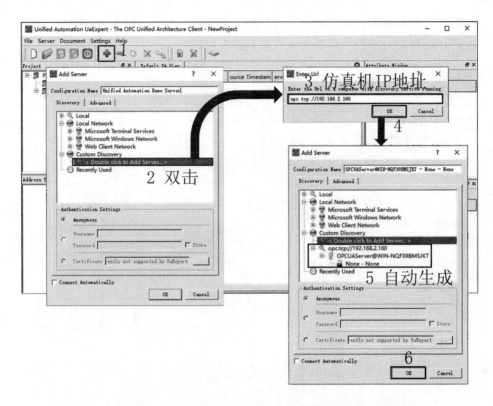

图 8.2.7　UaExpert 查找并添加 OPC UA 服务器

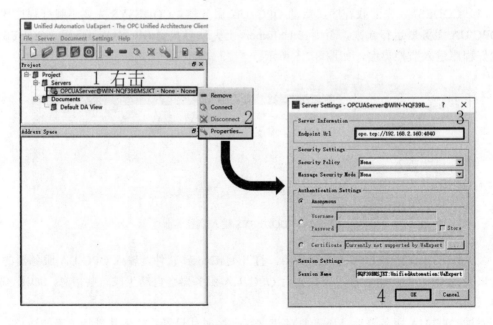

图 8.2.8　设置 OPC UA 服务器属性

UaExpert 连接 OPC UA 服务器后，在"Root"→"Object"→"DeviceSet"→（设备名）→"Resources"→"Application"→"Program"→"PLC_PRG"中找到变量 bVar 和

iVar，将其拖曳到数据视图区，如图 8.2.9 所示。

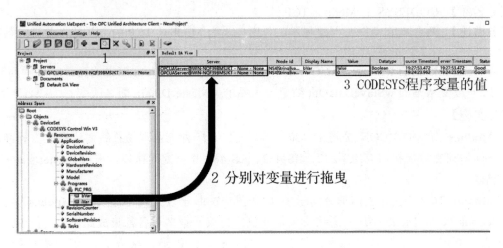

图 8.2.9　UartExpert 拖曳变量 bVar 和 iVar 到数据视图区

6. 验证程序

（1）OPC UA Server（CODESYS）向 OPC UA Client（UaExper）发送数据。在 CODESYS 中强制 bVar 为 TRUE，则发现 UaExpert 的 bVar 值也为 true，如图 8.2.10 所示。

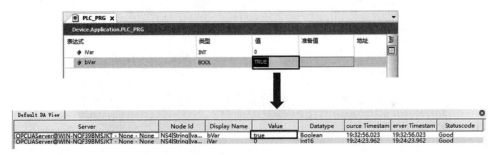

图 8.2.10　在 CODESYS 上强制 bVar 为 TRUE

（2）OPC UA Client（UaExpert）向 OPC UA Server（CODESYS）发送数据。在 UaExpert 中对 iVar 赋值为 999，则可发现 CODESYS 中的 iVar 为 999，如图 8.2.11 所示。

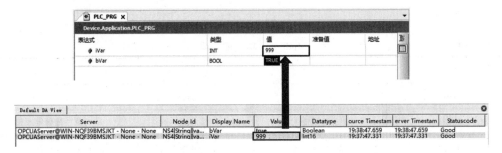

图 8.2.11　在 Uartexpert 上赋值 iVar 为 999

8.2.2　Modbus TCP 通信

【任务名称】　CODESYS 的 Modbus TCP 通信。

【任务描述】　两台电脑模拟两台控制器，分别定义为 Modbus TCP 的主从站，并进行数据交互。

（1）改变主站的 wMasterDataOut 数值，从站的 wSlaveDataIn 随之改变。

（2）改变从站的 wSlaveDataOut 数值，主站的 wMasterDataIn 随之改变。

【任务实施】

Modbus 由 MODICON 公司于 1979 年开发，是一种工业现场总线协议标准。标准的 Modbus 协议物理层接口有 RS-232、RS-422、RS-485 和以太网接口，采用 master/slave 方式通信。

Modbus TCP 通信是施耐德公司于 1996 年推出的基于以太网 TCP/IP 的 Modbus 协议，即 Modbus TCP。Modbus TCP 通信协议是开放式协议，很多设备都集成此协议，如 PLC、机器人、智能工业相机和其他智能设备等。Modbus TCP 通信结合了以太网物理网络和 TCP/IP 网络标准，采用包含有 Modbus 应用协议数据的报文传输方式。Modbus 设备间的数据交换是通过功能码实现的，有些功能码是对位操作，有些功能码是对字操作。Modbus TCP/IP 协议的内容，就是去掉了 Modbus 协议本身的 CRC 校验，增加了 MBAP 报文头。TCP/IP 上 Modbus 的请求/响应如图 8.2.12 所示。

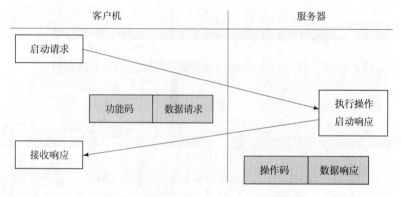

图 8.2.12　TCP/IP 上 Modbus 的请求/响应

Modbus 的操作对象有四种：线圈、离散输入、输入寄存器、保持寄存器，涉及的功能码见表 8.2.1。

表 8.2.1　Modbus 功 能 码

功能码	功能说明	功能码	功能说明
0x01	读线圈	0x05	写单个线圈
0x02	读离散量输入	0x06	写单个保持寄存器
0x03	读保持寄存器	0x10	写多个保持寄存器
0x04	读输入寄存器	0x0F	写多个线圈

1. 任务实施流程

任务实施流程，如图 8.2.13 所示。

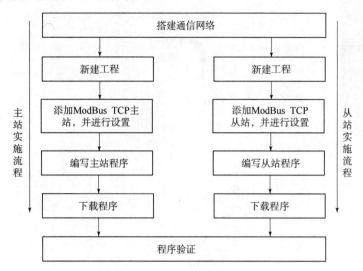

图 8.2.13 任务实施流程

2. 搭建通信网络

将两台计算机通过交换机进行互联，并将彼此电脑的 IP 设置为同一网段，如图 8.2.14 所示。

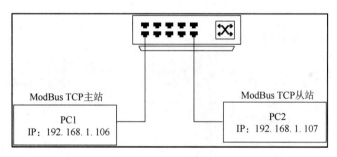

图 8.2.14 Modbus TCP 服务搭建

本案例中，Modbus TCP 主站的 IP 地址为 192.168.1.106，从站的 IP 为 192.168.1.107，设置方式参照图 8.2.15。

3. 主站实施过程

（1）新建工程。

1）设备：CODESYS Control Win V3。

2）编程语言：梯形逻辑图（LD）。

（2）添加 Modbus TCP 主站，并进行设置。

1）添加以太网适配器并设置。

a. 添加以太网适配器。以太网适配器用于对仿真机 IP 地址、端口等设定，以确定计算机的网络地址，可以通过图 8.2.16 所示方式进行以太网适配器的添加。

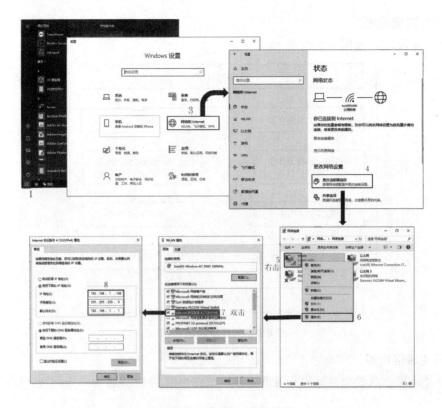

图 8.2.15　电脑 IP 地址设置

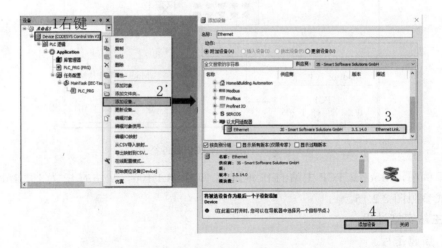

图 8.2.16　添加以太网适配器

　　b. 连接仿真机。为能在后面的网络适配器中快速设置网络参数，可以先对仿真机进行网络链接，后面即快速搜寻进行参数的填入。在 Device 的通信设置中，在控制器节点下方直接输入计算机的 IP 地址，并回车，即可实现对仿真机网络链接（需要先运行 CODESYS Control Win V3 仿真机），如图 8.2.17 所示。

　　c. 设置以太网适配器的参数。通过如图 8.2.18 方式对 Modbus TCP 主站的参数进行设置。

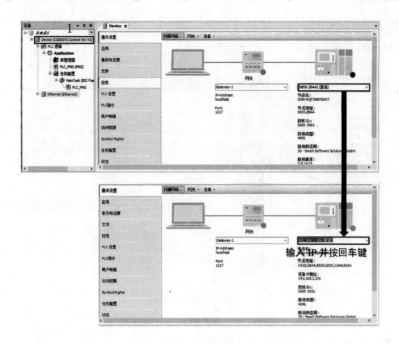

图 8.2.17　连接仿真机

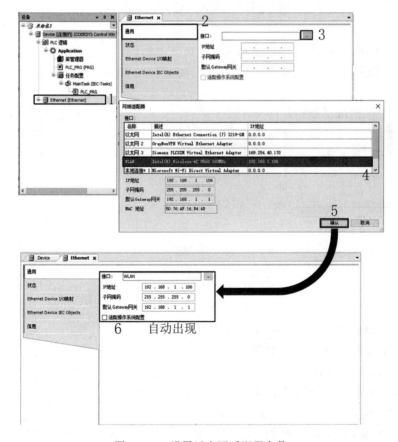

图 8.2.18　设置以太网适配器参数

2）添加 Modbus TCP 主站，并进行设置。

a. 添加 Modbus TCP 主站，如图 8.2.19 所示。

图 8.2.19　添加 Modbus TCP 主站

b. 设置 Modbus TCP 主站。在 Modbus TCP 主站的通用设置中，勾选"自动重新连接"，则在网络断开后，使其能自动重新链接，如图 8.2.20 所示。

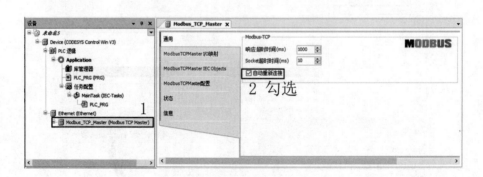

图 8.2.20　设置 Modbus TCP 主站

3）添加 Modbus TCP 从站，并进行设置。

a. 添加 Modbus TCP 从站，如图 8.2.21 所示。

b. 设置 Modbus TCP 从站。在 Modbus TCP 从站的通用设置中，从 IP 地址设置为 192.168.1.107，响应时间和端口采用默认，如图 8.2.22 所示。

在 Modbus TCP 从站通道中，单击添加通道，进行 Channel0 的通道设置，访问类型选择"Write Single Register（函数代码 6）"，单击"确定"完成添加，如图 8.2.23 所示。

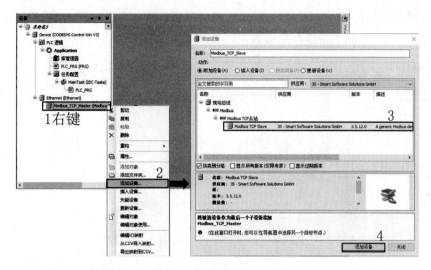

图 8.2.21 添加 Modbus TCP 从站

图 8.2.22 设置 Modbus TCP 从站

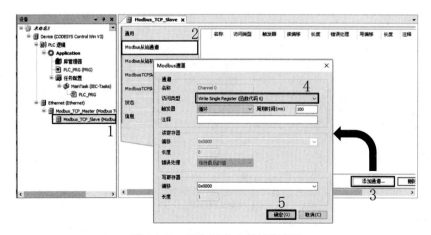

图 8.2.23 添加写单个保持寄存器

再次，单击添加通道，进行 Channel1 的通道设置，访问类型选择"Read Input Register（函数代码 4）"，单击"确定"完成添加，如图 8.2.24 所示。

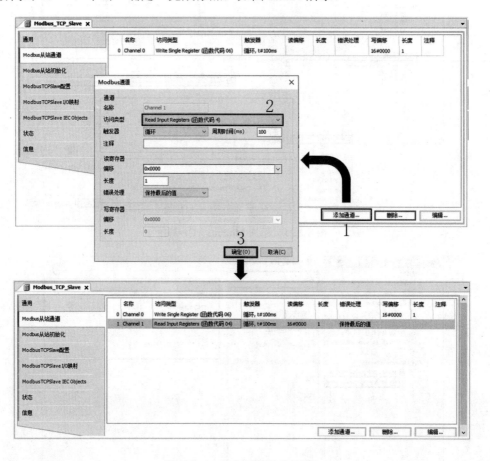

图 8.2.24　添加到输入寄存器

如要查询数据存放的通道地址，可通过"Modbus TCP Slave I/O 映射"进行查询，如图 8.2.25 所示。

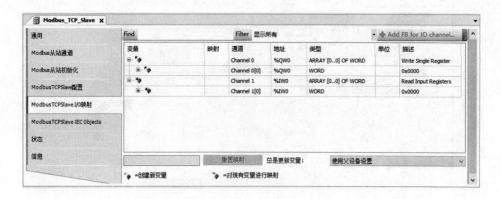

图 8.2.25　Modbus TCP Slave I/O 映射

（3）编写程序。按图 8.2.26 所示编写 Modbus TCP 主站程序。

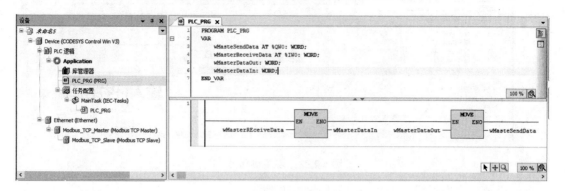

图 8.2.26　Modbus TCP 主站程序

（4）下载程序。将程序下载到 IP 地址为 192.168.1.106 的仿真机中。

4. 从站实施过程

（1）新建工程。

1）设备：CODESYS Control Win V3。

2）编程语言：梯形逻辑图（LD）。

（2）添加 Modbus TCP 从站，并进行设置。

1）添加以太网适配器并设置。

a. 添加以太网适配器，如图 8.2.27 所示。

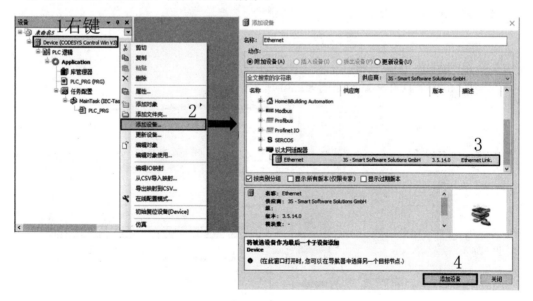

图 8.2.27　添加以太网适配器

b. 连接仿真机，如图 8.2.28 所示。

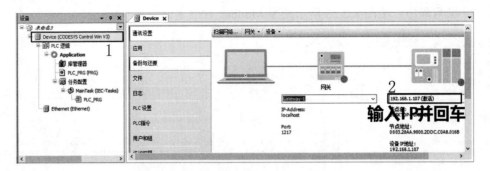

图 8.2.28　连接仿真机

c. 设置以太网适配器的参数，如图 8.2.29 所示。

图 8.2.29　设置以太网适配器参数

2）添加 Modbus TCP 从站，并进行设置。

a. 添加 Modbus TCP 从站，如图 8.2.30 所示。

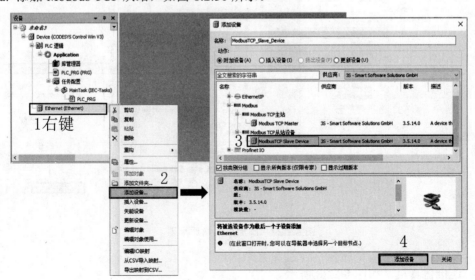

图 8.2.30　添加 Modbus TCP 从站

b. 设置 Modbus TCP 从站。本示例对该项内容采用默认的设置，如图 8.2.31 所示。

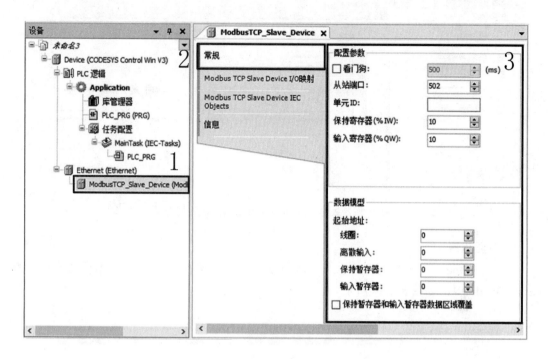

图 8.2.31　设置 Modbus TCP 从站

如要查询数据存放的通道地址，可通过"Modbus TCP Slave Device I/O 映射"进行查询，如图 8.2.32 所示。

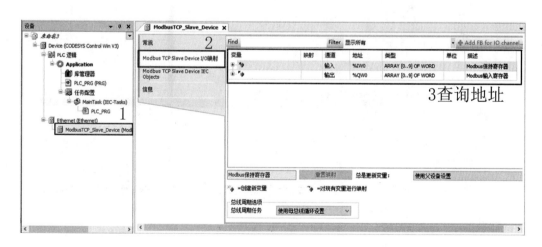

图 8.2.32　Modbus TCP Slave Device I/O 映射

（3）编写程序。按图 8.2.33 所示编写 Modbus TCP 从站程序。

（4）下载程序。将程序下载到 IP 地址为 192.168.1.107 的仿真机中。

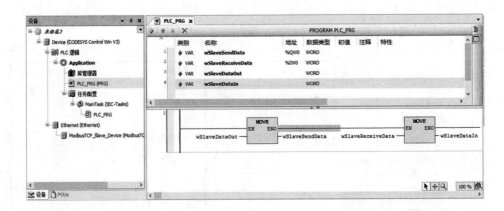

图 8.2.33　Modbus TCP 从站程序

5. 验证程序

（1）在 Modbus TCP 主站中强制 wMasterDataOut 的值为 30，则数据传送至从站的 wSlaveDataIn 中，如图 8.2.34 所示。

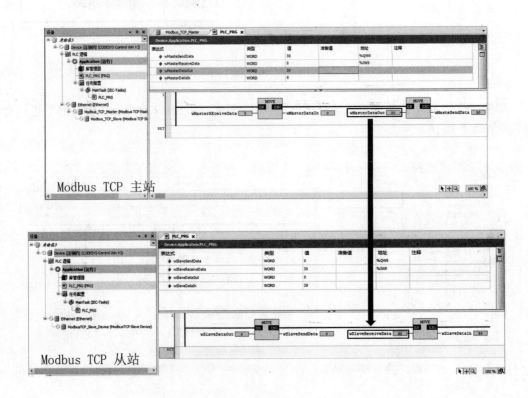

图 8.2.34　Modbus TCP 主站强制 wMasterDataOut 为 30

（2）在 Modbus TCP 从站中强制 wSlaveDataOut 的值为 15，同样，数据也传送至从站的 wMasterDataIn 中，如图 8.2.35 所示。

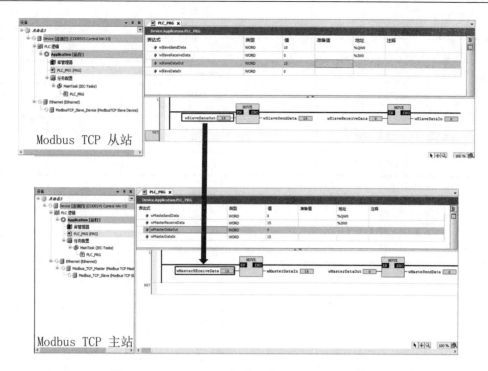

图 8.2.35 Modbus TCP 从站强制 wSlaveDataOut 为 15

8.2.3 TCP 通信

【任务名称】 CODESYS 的 TCP 通信。

【任务描述】 两台电脑模拟两台控制器，分别定义为 TCP/IP 的服务器和客户端，并进行数据交互。

（1）改变主站的 byServerSendData 数值，从站的 byClientReceiveData 随之改变。

（2）改变从站的 byClientSendData 数值，从站的 byServerReceiveData 随之改变。

【任务实施】

1. 任务实施流程

任务实施流程，如图 8.2.36 所示。

2. 指令介绍

（1）TCP_Server 指令。TCP_Server 用于建立一台服务器，其功能块的使用说明，见表 8.2.2。

图 8.2.36 任务实施流程

表 8.2.2　　　　　　　　　　TCP_Server 功能块的使用说明

功 能 块	范 围	引脚名称	说 明
TCP_Server xEnable BOOL — BOOL xDone ipAddr IP_ADDR — BOOL xBusy uiPort UINT — BOOL xError — ERROR eError — CAA.HANDLE hServer	Input	xEnable	True：执行功能块程序
		ipAddr	发送和接收数据的 ip 地址
		uiPort	发送和接收数据的端口号

249

续表

功能块	范围	引脚名称	说明
TCP_Server xEnable *BOOL*　*BOOL* xDone ipAddr *IP_ADDR*　*BOOL* xBusy uiPort *UINT*　*BOOL* xError *ERROR* eError *CAA.HANDLE* hServer	Output	xDone	True：执行完成
		xBusy	True：功能块正在执行
		xError	True：发生错误，功能块中止执行
		eError	错误代码
		hServer	通过 TCP_Connection 建立连接

（2）TCP_Client 指令。TCP_Client 用于建立一个客户端，其功能块的使用说明，见表 8.2.3。

表 8.2.3　　　　　　　　　　　　TCP_Client 功能块的使用说明

功能块	范围	引脚名称	说明
	Input	xEnable	True：执行功能块程序
		udiTimeOut	定义连接设置终止并显示一条错误消息的时间（μs）
		ipAddr	要连接的服务器的 IP 地址
		uiPort	发送和接收数据的端口号
TCP_Client xEnable *BOOL*　*BOOL* xDone udiTimeOut *UDINT*　*BOOL* xBusy ipAddr *IP_ADDR*　*BOOL* xError uiPort *UINT*　*ERROR* eError *BOOL* xActive *CAA.HANDLE* hConnection	Output	xDone	True：执行完成
		xBusy	True：功能块正在执行
		xError	True：发生错误，功能块中止执行
		eError	错误代码
		xActive	True：建立连接
		hConnection	如果 xActive = True，则有效

（3）TCP_Write 指令。TCP_Write 用于将数据写入 hConnection 中给定的先前建立的连接，其功能块的使用说明，见表 8.2.4。

表 8.2.4　　　　　　　　　　　　TCP_Write 功能块的使用说明

功能块	范围	引脚名称	说明
	Input	xExecute	True：执行功能块程序
		udiTimeOut	由于发生错误超时中止操作的时间
		hConnection	连接处理
		szSize	要写入的字节数
TCP_Write xExecute *BOOL*　*BOOL* xDone udiTimeOut *UDINT*　*BOOL* xBusy hConnection *CAA.HANDLE*　*BOOL* xError szSize *CAA.SIZE*　*ERROR* eError pData *CAA.PVOID*		pData	可以从中获取数据的地址
	Output	xDone	True：执行完成
		xBusy	True：功能块正在执行
		xError	True：发生错误，功能块中止执行
		eError	错误代码

（4）TCP_Read 指令。TCP_Read 用于从 hConnection 中给定的先前建立的连接中读取数据，其功能块的使用说明，见表 8.2.5。

表 8.2.5 　　　　　　　　TCP_Read 功能块的使用说明

功能块	范围	引脚名称	说明
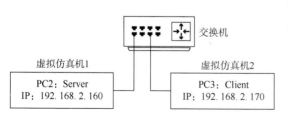	Input	xEnable	True：执行功能块程序
		hConnection	连接的处理
		szSize	读取的最大字节数
		pData	要读取的第一个字节的目标地址
	Output	xDone	True：执行完成
		xBusy	True：功能块正在执行
		xError	True：发生错误，功能块中止执行
		eError	错误代码
		xReady	True：接收数据
		szCount	接收数据的大小

（5）TCP_Connection 指令。TCP_Connection 用于 TCP 的自由连接，只要 xActive 为 True，连接的句柄就有效。hConnection 可用作功能块 TCP_Write，TCP_Read 指令的输入 hConnection。其功能块的使用说明，见表 8.2.6。

表 8.2.6 　　　　　　　　TCP_Connection 功能块的使用说明

功能块	范围	引脚名称	说明
TCP_Connection xEnable BOOL　BOOL xDone hServer CAA.HANDLE　BOOL xBusy BOOL xError ERROR eError BOOL xActive CAA.HANDLE hConnection	Input	xEnable	True：执行功能块程序
		hServer	服务器处理
	Output	xDone	True：执行完成
		xBusy	True：功能块正在执行
		xError	True：发生错误
		eError	错误代码
		xActive	True：处理有效
		hConnection	连接处理

3. 搭建通信网络

将两台计算机通过交换机进行互联，并将彼此的电脑的 IP 设置为同一网段，本任务中，服务器的 IP 地址为 192.168.2.160；客户端的 IP 为 192.168.2.170（图 8.2.37）

4. 新建工程

（1）设备：CODESYS Control Win V3。

（2）编程语言：结构化文本（ST）。

5. 添加 CAA Net Base Services 通信库

双击"库管理器"，进入"库管理器"

图 8.2.37　CODESYS TCP 通信网络搭建

界面，单击"添加库"，在"添加库"的弹窗，单击"高级"，再在弹窗输入"CAA Net Base Services"，添加 CAA Net Base Services 通信库，单击"确定"，如图 8.2.38 所示。

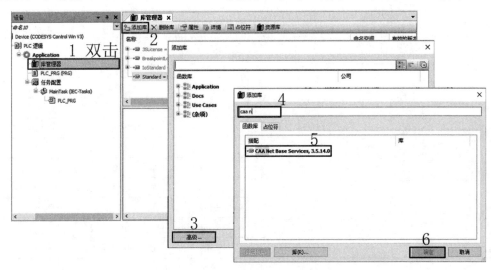

图 8.2.38　添加 CAA Net Base Services

6. 编写服务器（Server）程序

按图 8.2.39 所示编写服务器程序。

7. 编写客户端（Client）程序

按图 8.2.40 所示编写客户端程序。注意：IP 地址填写的是服务器的 IP 地址和端口号，不然客户端无法寻找到服务器。

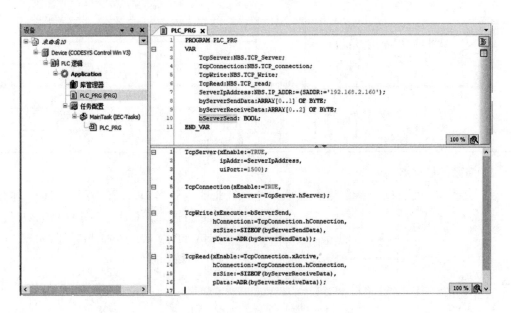

图 8.2.39　编写服务器程序

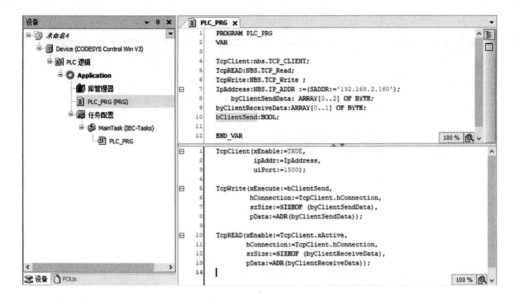

图 8.2.40　编写客户端程序

8. 验证程序

（1）将服务器和客户端程序分别下载至 CODESYS Control Win V3 中，并分别进入监控状态，可以看到双方的 TcpConnection.xActive 均为 TRUE，意味着可进行数据交互，此时双方发送区和接收区的数据均为 0，如图 8.2.41 所示。

（2）往服务器的 byServerSendData 写入数据，并强制 bServerSend 为 TRUE，则发现客户端的 byClientReceiveData 收到对应的数据，如图 8.2.42 所示。

（3）往客户端的 byClientSendData 写入数据，并强制 Client 为 TRUE，则发现服务器的 byServerReceiveData 收到对应的数据，如图 8.2.43 所示。

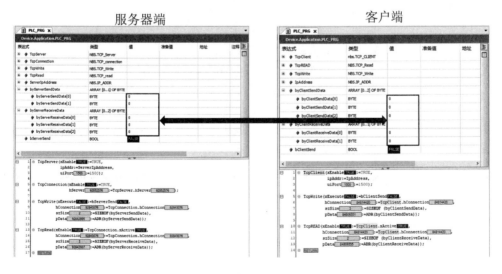

图 8.2.41　查看 TcpConnection.xActive 是否为 TRUE

服务器端　　　　　　　　　　　　　　　　　客户端

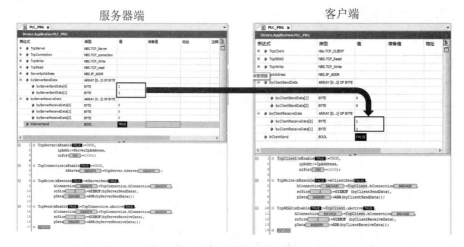

图 8.2.42　服务器发送数据

服务器端　　　　　　　　　　　　　　　　　客户端

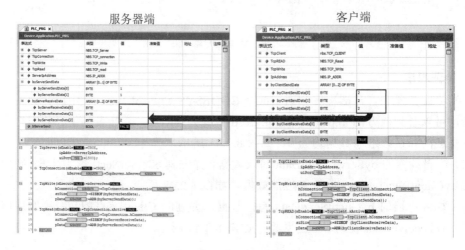

图 8.2.43　客户端发送数据

图 8.2.44　任务实施流程

8.2.4　UDP 通信

【任务名称】　CODESYS 的 UDP 通信。

【任务描述】　两台电脑模拟两台控制器，分别定义为 UDP 的网络节点 1 和网络节点 2，并进行数据交互。

（1）改变网络节点 1 的 bySendData 数值，从站的 byReceiveData 随之改变。

（2）改变网络节点 2 的 bySendData 数值，从站的 byReceiveData 随之改变。

【任务实施】

1. 任务实施流程

任务实施流程，如图 8.2.44 所示。

2. 指令介绍

（1）UDP_Peer 指令。UDP_Peer 用于通过设置激活一个网络节点，以便进行 UDP 数据交互。其功能块的使用说明，见表 8.2.7。

表 8.2.7　　　　　　　　　　　UDP_Peer 功能块的使用说明

功　能　块	范　围	引脚名称	说　明
	Input	xEnable	True：执行功能块程序
		ipAddr	建立连接的 IP 地址
		uiPort	建立连接的端口号
		ipMultiCast	组播地址。'255.255.255.255'=> INADDR_NONE
	Output	xDone	True：执行完成
		xBusy	True：正在进行
		xError	True：发生错误
		eError	错误 ID
		xActive	True：Handle 有效
		hPeer	Peer 句柄

（2）UDP_Receive 指令。UDP_Receive 用于从 hPeer 中给定的网络连接节点接收数据。其功能块的使用说明，见表 8.2.8。

表 8.2.8　　　　　　　　　　　UDP_Receive 功能块的使用说明

功　能　块	范　围	引脚名称	说　明
	Input	xEnable	True：执行功能块程序
		hPeer	Peer 句柄
		szSize	要读取的最大字节数
		pData	可以从中获取接收数据的地址
	Output	xDone	True：执行完成
		xBusy	True：功能块正在执行
		xError	True：发生错误，功能块中止执行
		eError	错误代码
		xReady	True：建立连接
		ipFrom	接收数据网络节点的 IP 地址
		uiPortFrom	接收数据网络节点的端口号
		szCount	实际读取的字节数

（3）UDP_Send 指令。UDP_Send 用于给 hPeer 中连接的网络节点发送数据。其功能块的使用说明，见表 8.2.9。

表 8.2.9 UDP_Send 功能块的使用说明

功 能 块	范 围	引脚名称	说 明
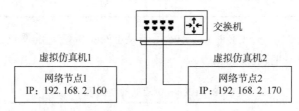	Input	xExecute	True：执行功能块程序
		udiTimeOut	由于发生错误超时中止操作的时间
		hPeer	Peer 句柄
		ipAddr	建立连接的 IP 地址
		uiPort	建立连接的端口号
		szSize	要发送的字节数
		pData	可以从中获取发送数据的地址
	Output	xDone	True：执行完成
		xBusy	True：功能块正在执行
		xError	True：发生错误，功能块中止执行
		eError	错误代码

3. 搭建通信网络

将两台计算机通过交换机进行互联，并将彼此的电脑的 IP 设置为同一网段，本任务中，其中网络节点 1 的 IP 地址为 192.168.2.160；网络节点 2 的 IP 地址为 192.168.2.170（图 8.2.45）。

图 8.2.45　CODESYS UDP 通信网络搭建

4. 添加 CAA Net Base Services 通信库

双击"库管理器"，进入库管理器界面，单击"添加库"，在添加库的弹窗，单击"高级"，再在弹窗输入"CAA Net Base Services"，添加 CAA Net Base Services 通信库，单击"确定"，如图 8.2.46 所示。

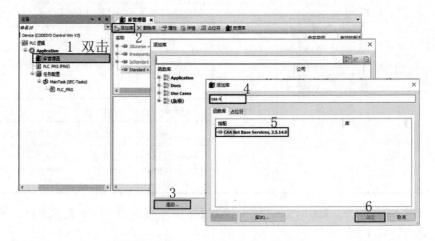

图 8.2.46　添加 CAA Net Base Services

5. 编写网络节点 1 程序

按图 8.2.47 所示编写网络节点 1 程序。

图 8.2.47　网络节点 1 程序

6. 编写网络节点 2 程序

按图 8.2.48 所示编写网络节点 2 程序。

图 8.2.48　网络节点 2 程序

7. 验证程序

编译程序，编译无误后下载程序。在 UDP 网络节点 1 程序中在 bySendData 写入准备值 5 和 10，并在 bSend 中写入准备值 TRUE，按下 "Ctrl + F7" 写入准备值，UDP 网络节点 1 将数据发送至 UDP 网络节点 2 中，如图 8.2.49 所示。

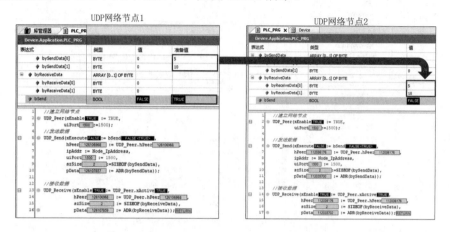

图 8.2.49　网络节点 1 发送数据到网络节点 2

同样的在 UDP 网络节点 2 程序中的 bySendData 写入准备值 10 和 5，并在 bSend 中写入准备值 TRUE，按下 "Ctrl + F7" 写入准备值，UDP 网络节点 2 发送数据至 UDP 网络节点 1 中，如图 8.2.50 所示。

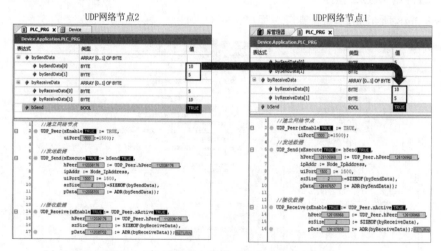

图 8.2.50　网络节点 2 发送数据到网络节点 1

8.2.5　NVL 通信

【任务名称】　CODESYS 的 NVL 通信。

【任务描述】　三台电脑模拟两台控制器和一个服务器主机，在服务器主机上对两个模拟控制器的程序进行编写，并在服务器电脑上存放 NVL 网络变量文件，程序编写完成后，可以在服务器电脑上下载到两个模拟控制器上。要求控制器 1 的数据 byData、bLamp 能通过网络变量传递给控制器 2。

【任务实施】

1. 任务实施流程

任务实施流程，如图 8.2.51 所示。

2. 搭建通信网络

搭建通信网络，如图 8.2.52 所示。

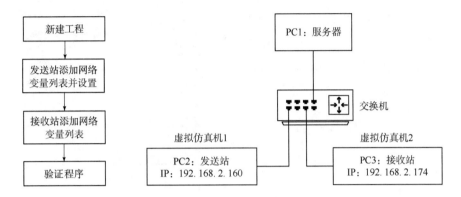

图 8.2.51　任务实施流程　　　　图 8.2.52　搭建通信网络

3. 新建工程

（1）UDP 发送站：

1）设备：CODESYS Control Win V3。

2）编程语言：梯形逻辑图（LD）。

（2）UDP 接收站：

1）设备：CODESYS Control Win V3。

2）编程语言：梯形逻辑图（LD）。

4. 发送站添加网络变量列表并设置

（1）添加网络变量列表。右击"Application"，找到"添加对象"→"网络变量列表（发送端）..."，单击选择，如图 8.2.53 所示。

（2）设置网络变量列表参数。在弹出的网络变量列表窗口中，网络类型选择"UDP"，并单击"设置（S）..."，在弹出的"网络设置 NVL"窗口中，设置广播地址为：192.168.2.255（192.168.2.×××为网段，×××若为 255 则认为是广播站，其网络变量列表中的所有变量都将发送至所在网段的其他终端中），其他参数采用默认值。具体操作及参数如图 8.2.54 所示。

（3）添加变量并下载程序。

1）添加网络变量。添加 bLamp 和 byData 变量如图 8.2.55 所示。

2）导出 NVL 变量。变量添加完成后，选择设备树下右击"NVL"→"属性..."，弹出其"属性"对话框，在"属性"对话框上找到"链接到文件"，单击"⋯"，弹出选择导出文件窗口，将文件名命名为 UDP，保存到服务器电脑，再单击"确定"即可，如图 8.2.56 所示（注：文件保存位置需记住，接收站需要导入这个文件）。

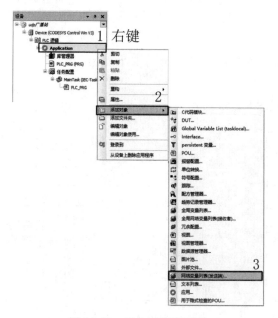

图 8.2.53　添加网络变列表

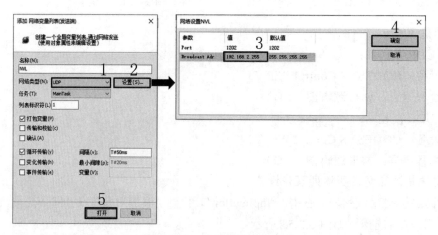

图 8.2.54　设置网络列表参数

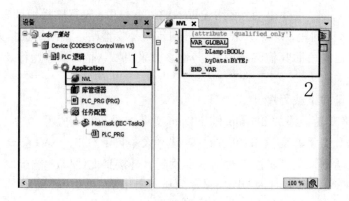

图 8.2.55　添加网络变量

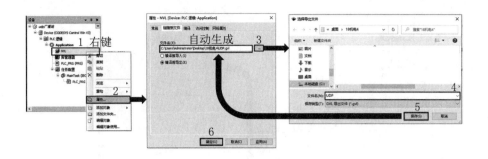

图 8.2.56　导出 NVL 变量

3）将网络变量下载到发送站中。双击设备树下的"Device（CODESYS Control Win V3）"，在弹出窗口中通信设置中节点处输入发送站电脑的 IP 地址 192.168.2.160 并按回车键，建立连接后，即可将程序下载到虚拟仿真机中。具体操作如图 8.2.57 所示。

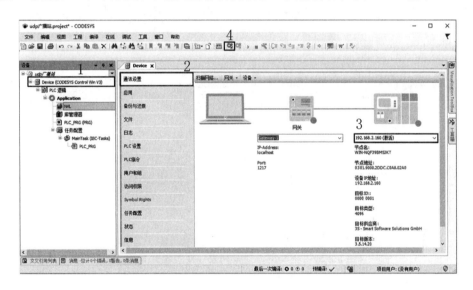

图 8.2.57　发送站连接仿真机

5. 接收站添加网络变量列表

（1）添加网络变量。右击"Application"，找到"添加对象"→"全局网络变量列表（接收者）..."，单击选择，在弹出的窗口中通过输入助手找到发送端导出的网络变量列表文件 UDP.gvl 文件，具体操作如图 8.2.58 所示。

打开 UDP.gvl 文件后，将在全局网络变量中自动生成与发送端一样的网络变量，且在接收站是不能修改的，如图 8.2.59 所示。

（2）将网络变量下载到接收站中。双击设备树下的"Device（CODESYS Control Win V3）"，在弹出窗口中"通信设置"中，在节点处输入接收站电脑的 IP 地址 192.168.2.174 并按回车键，建立连接后，即可将程序下载到虚拟仿真机中，具体操作如图 8.2.60 所示。

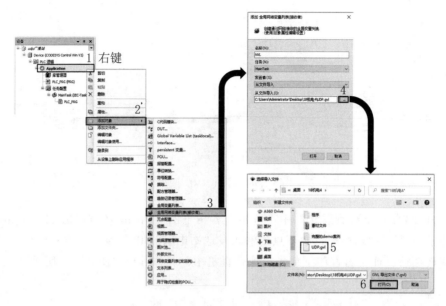

图 8.2.58　接收站添加全局网络变量列表（接收者）

图 8.2.59　全局网络变量列表（接收者）变量

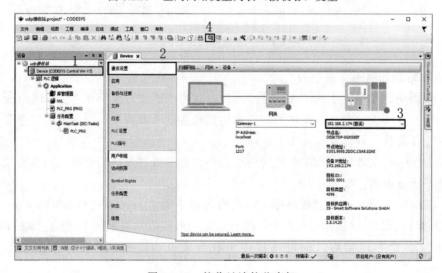

图 8.2.60　接收站连接仿真机

6. 验证程序

下载完发送站和接收站的程序后，分别运行两站的程序，进入监控状态。在发送站上强制 byData 的值为 55，bLamp 的值为 TRUE，则可发现接收站上的数据保持一致，如图 8.2.61 所示。

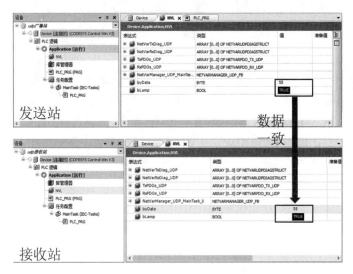

图 8.2.61 发送站发送数据

当有更多的发送站要将数据广播发送给同网段的更多接收站的时候，这些接收站的设置方式是一致的。当然，如果一个站既是发送站（广播站）也是接收站，则需要同时进行发送站网络变量设置和接收站的网络变量添加。唯一不同的是在不同的发送站上进行网络变量属性设置时，用户在需要对标识符列表的值进行区分（一个网段内不允许有相同的标识符列表值的发送站），否则将会导致通信失败，如图 8.2.62 所示。

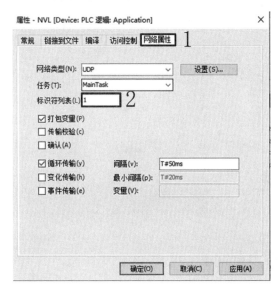

图 8.2.62 设置标识符列表值

参 考 文 献

[1]　马立新，陆国君. 开放式控制系统编程技术[M]. 北京：人民邮电出版社，2018.

[2]　彭瑜，何衍庆. 运动控制系统软件原理及其标准功能块应用[M]. 北京：机械工业出版社，2020.

[3]　彭瑜，何衍庆. IEC 61131-3 编程语言及应用基础[M]. 北京：机械工业出版社，2009.

[4]　陈利君. TwinCAT3.1 从入门到精通[M] . 北京：机械工业出版社，2020.